David Bellamy's
ARCTIC LIGHT

An artist's journey in a frozen wilderness

后浪出版公司

我在北极画速写

冰雪世界的探险之旅

[英] 大卫·贝拉米 著
杨雅婷 译

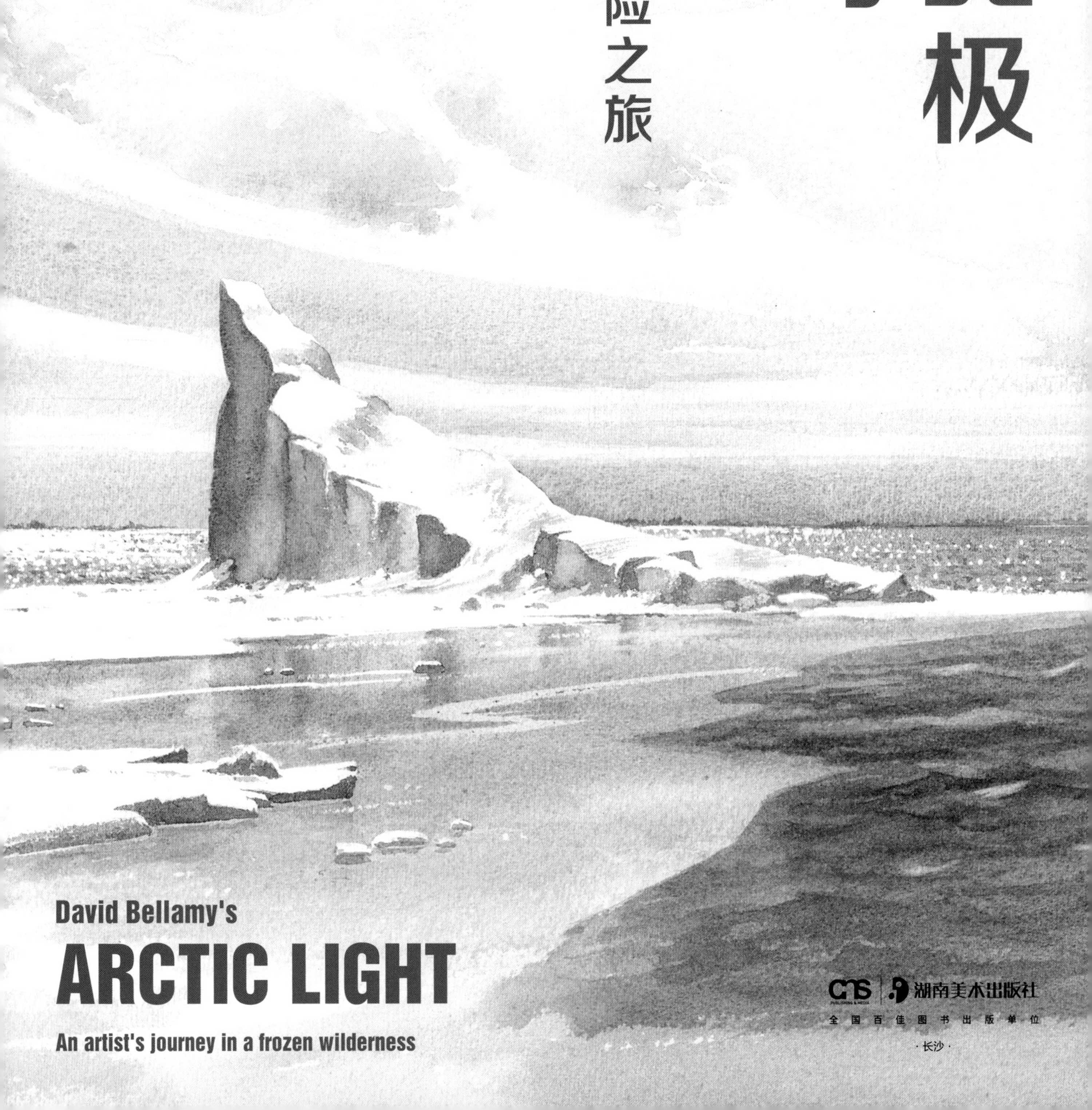

David Bellamy's

ARCTIC LIGHT

An artist's journey in a frozen wilderness

CNS PUBLISHING & MEDIA | 湖南美术出版社
全国百佳图书出版单位
·长沙·

致谢

　　我要感谢搜索出版社的总编辑凯蒂·弗伦奇热心委托我创作本书，感谢为本书做了设计的胡安·海沃德，编辑我凌乱的文稿的索菲·克西、珍妮·基尔，出借北极手工艺品的格伦·莫里斯，格陵兰岛北极圈世界旅行公司的金·彼得森，提供信息、照片和宝贵支持的托本·索伦森，马克·范·韦格，以及拍摄照片的威尔·威廉姆斯。

第 1 页：

幽灵般的冰山和管鼻鹱

第 2—3 页：

薄冰

下图：

东方羊胡子草中的麝牛

对页图：

浮冰群

目录

前言　6

冰雪世界的速写历险　16

乘雪橇冒险　34

走进冰原　58

跨越北冰洋　82

冰冻峡谷　104

激流　126

在北极画速写和绘画　160

术语表　174

前言

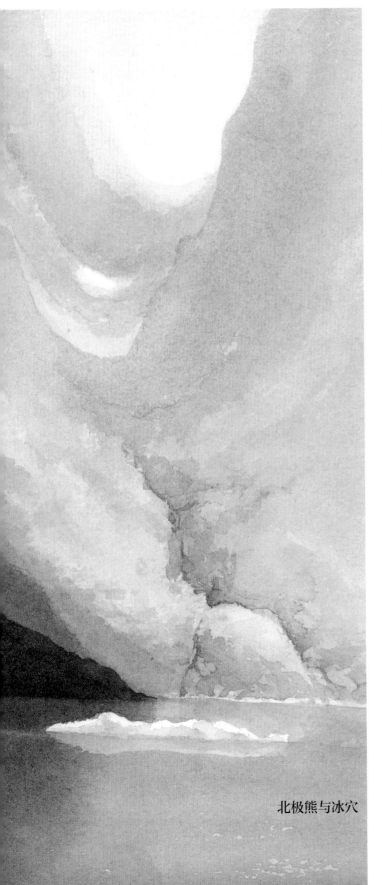

雾锁极地，形成茫茫一片乳白天空。在深雪之中，我除了自己的双脚以外什么也辨不出来；虽说我就站在定居点外围，但万籁俱寂与一无所见还是令人心生不安。不远处坐落着一座冰间湖——那是一片开阔的水域，有着数量众多的环斑海豹，对北极熊而言具有莫大的吸引力。今早我得知，有人目击一头熊在此地出没。在北美洲，我必定能用荒腔走板的歌声败坏北美灰熊的胃口，以防它往菜单上添加一位艺术家，但在这儿，此举行得通吗？置身于这片迷雾当中，就算手里有一把枪也无济于事，在一头凶狠的庞然大物从铺天盖地的白雾中飞身扑来之前，你是不可能有时间向它瞄准和开火的。一线微光穿透雾霭，闪闪烁烁，越来越强烈，直到阳光照亮一座雪堆——它有可能是掩埋在冬日积雪下的一条底朝天的小船。我可以看见返回伊托科尔托尔米特的路了，途中要经过一列列拴在一起的哈士奇。

在北极偏远的定居点，这种体验是日常生活的一部分；与欧洲人相比，这里的人与自然的关系更为和谐。荒野在我的作品中经常扮演主要角色，而且我醉心于游历那些极致的景观，不论它们是山脉、沙漠，还是北极风光。虽然我的主要目的通常是寻觅风景，但生活在这些偏远之地的人总是给我留下最为深刻的印象。旅居于喜马拉雅山脉、安第斯山脉、非洲及其他地方时，我见到的野生动物也许比在北极见到的多，可是在此地，北极熊、海象、麝牛却特别能唤起一种深沉的迷恋与敬畏感，这是我在其他地方难以找到的——也许只有非洲除外。在这原始的冰雪世界中，生存是最艰难的，但种种野生动物却活跃其中；群山、峡湾和冰川美得令人惊叹，令北极魅力倍增。这一切都吸引着我一次次地重游故地。

北极那幽深的静谧也与众不同，它是如此显而易见，任何一个造访者对此都有所察觉。在北极，我们可以从粗暴的文明中抽身，在极度的安宁中静

北极熊与冰穴

观生命。"自然的宁静会涌进你的身体，一如阳光涌进树木。"在 1894 年出版的《加利福尼亚群山》一书中，博物学家约翰·缪尔如此生动地描述这种感觉。不论置身何处，我总是静静地坐着画速写，野生动物来到近旁，对我的在场浑然不觉，直到它们突然发现了我；当我回过头来时，它们流露出惊奇的目光，像雕塑似的一动不动。在北极荒原上写生则给了我更强烈的超然之感，而且，就像珍视寂静一样，我也珍视那些专注而孤寂的时刻。我无数次地怀着深情回想起定居点，我曾清清净净、心满意足地坐在那些地方，埋首于工作，在绘画或写作的时候朝外凝视纯净的北极风光。

崩裂的冰川

尽管船舶看上去离冰川很近，但实际上还有些距离。这种量级的裂冰会引发小小的海啸。

David Bellamy

David Bellamy

格陵兰岛西部伊卢利萨特的巨大冰山

没有船，冰山那令人难以置信的体积就看不出来了。

我对北极的造访和探索通常是自发之举：我从未寻求赞助或加入官方组织。我喜欢挑选志趣相投、值得信赖的旅伴，即便会增加开支，也要由我自己来掌控行程及主要目标。这样做有个缺点，那就是资历较深的官员倾向于带着些许疑心来看待落单的人——这家伙是打哪儿来的？于是，当你接触他们，指望就后续的远征达成合作时，他们如临大敌。乘游船旅行并不符合我的秉性，无法下船经历风霜、见不到因纽特人、掌控不了行程，都令我难以忍受。

我热衷于为远征制订一丝不苟的计划，这可是攸关生死的大事，因为问题总是防不胜防：遗漏工具的关键部件会导致灾难；装备必须具备应对此类艰苦作业的最高标准，还要时不时地应付种种极端环境。

我觉得自己的运气出奇的好，在旅程中我拥有一些杰出的旅伴，他们都为远征增添了无穷的乐趣。对我来说，邂逅当地人是旅行的一个重要方面，而且我们在北极无一例外地受到了热情款待。即便语言不通，雇用猎人做向导也会得到无以复加的回报。一个微笑和一张画作就能让你走得很远，而且你会从这些魅力十足的人身上受益匪浅。我发现，在定居点作画时，会有人主动找上门来，因为他们对于我要用速写来表现的内容感到好奇，特别是在我画一个当地人的时候。这些邂逅往往带来欢声笑语和丰盈的成果。

我平常的工作方式是在现场画速写，回家后再借助照片，在工作室里将这些速写逐渐发展为绘画作品。你若是对我的工作方法感兴趣，那么可以在第 160 页的《在北极画速写和绘画》一章中找到更多内容。前往北极之前，我曾经年累月地在多个国家以这种方式作画。我的全部画作都源自亲身体验，其中有不少画还蕴藏着故事。对我而言，最有吸引力的事莫过于在幽僻之地自在地漫游，为钟爱的场景绘制速写。亲近自然对于我至关重要：自然涤荡了人生中的忧虑，在方方面面都赋予我活力，特别是在艺术方面。不可饶恕的是，自然界中有如此多的地方被毁坏殆尽，而始作俑者当中甚至包括那些宣称有必要保护环境的人；许多政府官员似乎并未意识到，他们所谓的一些"绿色疗法"实为雪上加霜。

他们就像探险黄金时代的英国皇家海军一样我行我素，无视原住民那些通常十分高超的知识和技能。事实上，他们表现出的不光是对自然界不负责任，还有目空一切和拒自然于千里之外的态度。

可悲的是，北极现在开始沦为发达国家的受气包，近年来北极冰层大面积融化，致使石油和矿藏勘探愈演愈烈，其中伴随着利益冲突的内在威胁和对环境的破坏。有许多格陵兰人欢迎更温暖的气候，因为这能让他们种植蔬菜（在格陵兰岛东部，蔬菜供应尤其成问题，补给船几乎无法定期抵达那里），而且变暖的格陵兰岛海水吸引了更多的鱼群。当地人辩称，对于一个生活方式并不奢靡、经济并不强劲、自杀率位居全球第一的国度来说，开采石油和矿藏能够提供工作岗位和更多的

在塞尔米齐亚克冰川上

财富——尽管我们无法确定这些产业能在多大程度上惠及当地的居民和经济。就连为维持生计而进行的狩猎活动也日渐衰落，不过在格陵兰岛东部没那么明显——人们捕杀海豹，以之为食，它们也是哈士奇的主粮；然而当因纽特妇女将海豹皮做成手工制品（捕杀海豹的副产品），她们却发现西方国家拒绝购买此类产品。因纽特人擅长将他们为生计而捕杀的动物物尽其用，无疑能在回收利用方面为我们指点一二。倘若发达国家坚持自行其是，那么当务之急就是对格陵兰人施以援助，停止在当地人不能受惠的情况下掠夺该国资源。

塔舒拉克人

海象习作，普尔角

我设法画了几页海象的素描。在这一页上，有的素描被放弃了，但多数都提供了妙趣横生的细节。我尤其喜欢两只海象待在一起的图，其中的一只躺在地上，另一只似乎正坐在一旁讲着睡前故事。

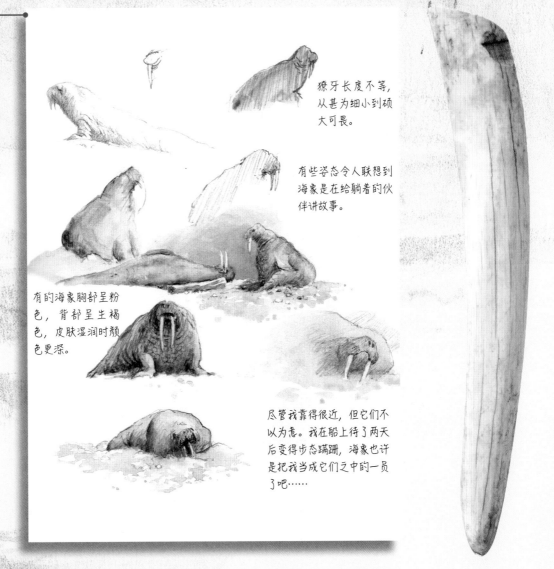

獠牙长度不等，从甚为细小到硕大可畏。

有些姿态令人联想到海象是在给躺着的伙伴讲故事。

有的海象胸部呈粉色，背部呈生褐色，皮肤湿润时颜色更深。

尽管我靠得很近，但它们不以为意。我在船上待了两天后变得步态蹒跚，海象也许是把我当成它们之中的一员了吧……

托本 · 索伦森与作者
预备飞往远方的荒野。

库卢苏克的达恩角和格陵兰岛的概略印象
我们远征的起点有好几个。

Kalaallit Nunaat

全世界的荒野正在缩减，原因是有如此之多的人对它的真正价值一无所知：我们失去的每一片荒野都将一去不复返。我在本书中的目标是突显北极之美，尤其是格陵兰岛和斯瓦尔巴群岛范围内的斯堪的纳维亚式的北极；我也会涉及挪威和冰岛。本书是对这些奇迹之地的礼赞，亦是对当地居民、野生动物及诸多事物的礼赞。

时下流行预测未来五十年或一百年间北极会发生什么，我并不打算参与其中。这个难题要留待计算机模型爱好者来解决，不过他们的答案的质量主要取决于输入数据的质量。自然时不时地显出卓绝的能力，它能挫败人类控制它的欲望，而且通常是为了变得更好。唯愿此景长存。

图比拉

这些狰狞的护身符是因纽特人以前制作的，它们被用来寻找和摧毁仇敌。

冰川上的家庭远足

我在画冰川速写时抬起头来，观察到两只白颊黑雁带着三个小家伙在冰上漫步——这对父母将孩子带到如此危险的地方，实在是太不负责任了！

David Bellamy

冰雪世界的
速写历险

对北极的兴趣在我的生命中姗姗来迟——以前我总以为它是一片冰天雪地，贫瘠荒凉，平淡无奇，没有值得称道的山脉，对风景画家而言也乏善可陈。事实证明了我错得有多离谱：格陵兰岛的山脉延绵不绝，其中有一些山峦即便不是世间最巍峨的，也是最秀丽的。不过，在我了解格陵兰岛和高纬度北极地区之前，有不少人热情地向我推荐过"冰与火之地"——冰岛。冰川总是让我迷恋不已，在阿尔卑斯山和安第斯山脉邂逅冰河的经验也让我渴望去做更多探索。刚刚崩裂的冰面一尘不染，最适合用水彩来捕捉，其原因是冰受到变幻不定的光线与大气环境的影响，这种媒介能很好地渲染它那微妙而变化无穷的色调和色彩。

代蒂瀑布

流水跌落下来，力道大得令人吃惊；它是欧洲水量最大的瀑布，冲刷着位于冰岛北部的约库尔萨峡谷。

冰岛当然不可与北极圈相提并论，但当时我还没有考虑进行北极探险。无论如何，冰岛能让我看到车载斗量的冰，没准还有火山喷发。唉，可是似乎没人有兴趣与我同行，因为多数人都生怕我磨磨蹭蹭地画水彩，而他们则要坐在寒冷的冰川上干等。不过我的女儿凯瑟琳年纪轻轻，又有活力，她很乐意探索荒野。她能轻松地跟着我穿越复杂的地形，但她通常不画速写。

在气候温暖的泰国度过一个假期之后，她突然发现自己置身于冰岛的黑色土地上，这里犹如月球表面，周围环绕着歪七扭八的黑色熔岩，在雾气中，它们犹如怪诞的雕塑。雨雪从这片荒凉的景致上方横扫而过，雷神之锤撞击着大地。但是冰岛的天气变化极快，不久我们就沐浴在阳光下了。

位于雾气缭绕的地景之前的凯瑟琳

冰岛纳马山的喷气孔
含硫气体通过火山内的排气道从喷气孔逸出。

熔岩迷宫那边的布劳山黑黢黢的，而且奇形怪状！

冰岛定居点的历史可上溯至 9 世纪，当时挪威的维京人来到了这里，不过他们发现一些爱尔兰僧侣已经捷足先登。冰岛从 1262 年起处于挪威治下，接着又在 1380 年由挪威和丹麦王室共同统治。16 世纪晚期，古德布兰蒂·索拉克松主教绘制了一幅包括冰川和火山在内的冰岛综合地图。和许多早期的制图师一样，当他将注意力转向海洋区域时，他就任自己的想象力信马由缰了。他所展示的海洋里聚集了一大群令人啧啧称奇的海怪，不过其中多数看起来与其说狰狞，不如说荒诞。在东北方向的浮冰上，一支名副其实的北极熊大军正在向冰岛海岸挺进，我们的好主教又一次在其中加入一丝顽皮的色彩。其实在当时，北极熊误闯冰岛只是偶然事件罢了。

布劳山和熔岩塔

可惜的是，在这片近乎原始的景色中，没有巨怪出来迎接我们。

David Bellamy

兰德曼纳劳卡高地附近的火山山脉

从海克拉的黑色熔岩丘陵，到兰德曼纳劳卡高地附近这些山峰的奇异色彩，冰岛的景观总能让你激赏得倒吸一口气。

克里斯蒂娜丁达尔上的石塔

浓烈的色彩与我们脚下数千英尺（1英尺等于0.305米。——译者注）处冷白与暗灰色的冰川形成对比。

第二次世界大战结束后，冰岛成为独立共和国。由于它是世界上最活跃的火山地带，每过几年，这里的地形就要经历细微的变化。

在雷克雅未克，我和凯瑟琳发现，巴士站的绝大部分不知为何都被塑料薄膜精心包裹起来，状似被银箔覆盖的牛粪形雕塑。这是冰岛的某种巨型公共艺术表现形式吗？没人能给出答案。当地的巴士司机喜欢拿游客寻开心：在途经数英里（1英里等于1609.344米。——译者注）美得惊人的风景、田园牧歌般的构图一个接一个地闪现之后，他们会在最丑陋、最无趣的地点停车，宣称这里是"拍摄点"。每个人都通情达理地下车，朝四周看看，冷笑一声，再爬回车内。冰岛巴士在遍布漂砾的河床和荒蛮的峡谷中飞驰，就像我们在高速公路上行驶一样，这让它们变得更加好玩了。

这片饱经风霜的土地完全处于自然状态，有许多地方是新近才形成的，它们距上次火山喷发不过两年之久，依然热气腾腾。艺术家所面对的不仅是浓重的熔岩黑和雪白色，还有各式各样的中间色。这片景观仿佛是从地狱的五脏六腑中撕扯出来一般，穿行于其中可谓举步维艰，但通常也激动人心，而且充满乐趣。毫不夸张地说，莱尔火山的熔岩荒原给人一种世界处于原初状态的印象。这里没有树木的踪影，取而代之的是各种扭曲的形状：驼背老妇，来自地下世界的变形生物，或是以熔岩的石化状态蛰伏着的怪物——它们在许许多多的冰岛风景画中长驻，总是与巨怪、精灵及大眼小妖精形影不离。蒸汽从地面腾空而起，沸腾的液体从不怀好意的洞窟中喷涌而出，伴随着咕噜咕噜、哗啦哗啦和其他来自地底深处的刺耳噪声，就像一群女巫的坩埚火力全开似的；在这样的时刻，人们就容易迷恋那些栩栩如生的异想之物了。冰岛人对巨怪极其痴迷，以至于不少地名中都包含"巨怪"一词，这

些迷人生物的形象还为许多旅游纪念品增色不少。

凯瑟琳被一些石塔的鲜明色彩深深吸引住了，便向我借了一套水溶性彩色铅笔。没过多久她就把这40支笔还了回来，它们看上去像是在木料粉碎机里走了一遭。

冰岛东部的杰古沙龙潟湖中有我初次见到的冰山，尽管它们比格陵兰岛的许多冰山都要小，但它们点燃了我的激情。水彩这种媒介是画冰雪速写的不二之选，而且我在杰古沙龙有一整天的时间可以用来写生。我在这里发现了一些引人瞩目的形状和迷人的色彩，冰山移动时它们随之变化，对绘画精度的要求并不高。雾霭变幻莫测，柔和的阳光穿透云层，使得氛围愈发动人。我透过冰里的那些孔洞与隧道，凝望着将它们变成七彩宝石的光线。阳光捕捉到锐利的边缘，使它们熠熠生辉；光线在一片半透明的薄冰中闪耀时，冰块发出了纯度惊人的白光。冰山是最高效的反光镜，它们漂亮地反射出微妙的白色光芒，与蓝色和蓝绿色的暗影交相辉映。不到几分钟，我便着了迷，将它们作为绘画题材了。

我们在五彩斑斓的群山中攀爬，它们以鬼斧神工的尖峰为装饰，带有深红色和灰色，看起来好似才从地狱之火中拔地而起。我们因山峰之险峻而屏息，在超过610米（2000英尺）的高度，即便抓起一管培恩灰颜料向悬崖掷去，也砸不中任何东西。我们背着沉重的行囊向内陆进发，朝一座漂浮着更多冰山的湖泊走去。为了抵达内陆徒步的起点，我们乘坐美国人在第二次世界大战后遗弃的一辆古董巴士，一路上蹚过数条大河；这里显然缺乏桥梁、道路及写着"珍爱生命"字样的标示牌，英国的健康与安全执行局对此肯定有话要说。倘若步行涉水，我们早就像滑下排水管的蜘蛛一样被冲走了。巴士的轮子特别高，在水面下的漂砾上弹来跳

去。我不禁自忖："我在做梦吧？"这一切实在是太虚幻了。司机会在几天之后回来接我们，而我们的返程路线将以从峭壁下降至一条峡谷的边坡而告终。"有好几座峡谷呢，"巴士的车主兼司机汉内斯·荣松说道，"你们朝峡谷里下降的时候，只要确保自己看得见谷底就行了！"

我们徒步走过崎岖不平的地形，越过巨大的瀑布群和努普斯塔达斯科加的荒凉峡谷，在这地方，你总觉得会看到北欧传说中的巨怪、怪物和神奇生物从瀑布后面走出来。两天之后，我们抵达格瑞纳隆湖及其冰山。山峦组成荒凉的背景，那里还有冰岛最大的冰川——瓦塔纳冰盖。冰山时不时地崩裂，就像在开炮；一块像公寓楼那么大的冰块坠落下来，会形成另一座冰山。格瑞纳隆湖北部不远处坐落着格里姆火山，其名称与行径同样凶险：在这片广阔的洼地和湖泊下面，有一座冰下火山。每过五年，狂暴的冰川就会喷发，水从斯凯达拉尔冰川下面一泻而下，在沿海平原泛滥成灾。这种爆发被称作"冰下火山浊流"，它可以摧毁沿途的一切，包括巨大的梁式桥——通常只留下一堆扭作一团的钢筋。

北冰川的冰川鼻

这里是冰川末端，一条溪流穿过一片杂乱的岩屑和冰屑，注入白湖。

冰岛烹饪趣谈

虽说冰岛的食物丰富多样，但对于口味清淡的人来说，一些较传统的菜看着实令人难以下咽。我干吗要鼓起勇气尝试臭鲨鱼肉呢？我也想不通。这种食物叫作"hakarl"，肉被埋在地下达六个月之久，这样做是为了让它释放毒素。它可怕得连野生动物都不想碰，作为盘中餐，闻起来就像一个颇有年头的小便池，此时你会疑惑自己怎么点了这道菜。这也许可以解释，英国湖区的艺术家、作家和古文物研究者 W. G. 科林伍德为何在1897年的《冰岛书简》中说，他"骑着疲惫不堪的马儿，画着潦潦草草的速写，吃着令人作呕的食物，睡在密不透风的洞里"。

有一次，我带着一个绘画团到了冰岛，我们的本地向导安娜解说道："你们会看到海鹦的。""哦，它们可美啦！"一位名叫吉尔的画家说。"是啊，美味极了！"安娜答道，我们每个人听后都叹了口气。在冰岛的部分地区，海鹦是一道美味佳肴。对于我们当中缺乏维京传统的人而言，冰岛扭扭炸面圈（即 kleinur）更易接受。在步行或画速写时，一袋扭扭炸面圈能让你保持能量，不过它们的烤制时间很长，而且需要在羊油中炸上一番，以保证纯正的风味。把它们扭起来的方式似乎有好多种，我的速写里画的是一个看起来很好吃的样本，这是在冰岛南部的一家咖啡馆里发现的。

冰岛扭扭炸面圈

这道令人垂涎欲滴的小吃算不得健康料理，但它能让你在冰岛山峰上徒步时补充能量。

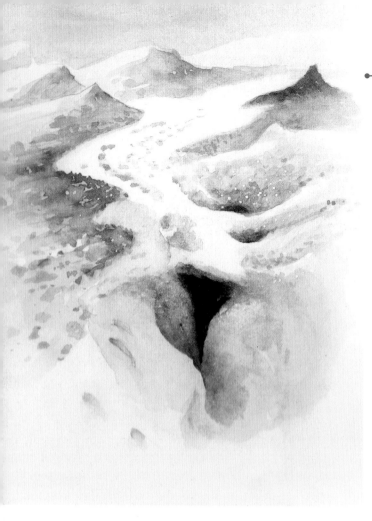

潜藏的危险

一条颜色较白的雪带在冰川间蜿蜒，出卖了隐蔽的冰裂隙，不过它们并非总是这么容易被辨别出来。由沉积物形成的锥形土堆也很显眼，它们掩盖了下方的冰，使冰融化得没有周边区域那么快。

天气持续晴好，帐篷也保持干爽。我们的野营地总是选在舒适宜人的地点，依傍着溪流或小河，处于无穷无尽的美好与安宁之中。我们向南走，绕过斯凯达拉尔冰川的西缘时，秀美的斯卡夫塔费尔斯约尔群峰映入眼帘，令人印象深刻。最后一夜，帐篷背后是一排轮廓分明的山峰，我们身边的河床内则分布着星星点点的粉红色宽叶柳兰（Chamerion latifolium）。格陵兰岛的因纽特人用这种花做成可口的沙拉，搭配鲸脂海象排吃。次日，我们愉快地降到峡谷中，准时与汉内斯·荣松碰头了。

冰川和冰裂隙对我来说是再熟悉不过的地形，探索冰岛的冰川更是一桩乐事。出人意料的是，它们不是白色的，而是带有明显的黑色，这是因为在火山活动中有大量的火山灰被抛了出来。有些冰川（比如北冰川）上点缀着小小的黑色熔渣堆，这种现象是由火山灰沉积物造成的；沉积物防止冰在阳光下融化，所以周围的冰化得更快，只剩鲨鱼鳍状的土堆傲然挺立在冰面上。

我们雇了一名向导陪我们走过斯维纳费尔斯冰川。向导们总是知道形态最动人的冰在哪里，当我们想要寻找有趣的速写景观时，他们能帮忙节省大量时间。我简单地告诉向导埃林，帮我们找点"带劲儿的，中间要有一座迷人的冰桥或冰塔"。她用绳索把我拴在冰锚上，让我爬进一条深深的冰裂隙里，对着一座自然形成的冰桥画速写，那景观真是震撼人心。将冰镐凿进冰里，能让人产生深深的满足感，这大概源自想要敲打某物和释放攻击力的欲望吧；然而，当我的冰镐敲在这坚如磐石的千年冰川上时，我的手臂被震得生疼，镐尖只朝冰里插进去几毫米。我的冰爪尖端没法再往下掘了，所以我就那样悬在令人头晕目眩的深渊之上，脚下只有薄冰。不论从心理还是从生理上说，这样一点都不舒服。不过我还挺得住，一边画速写，一边避免将随身物品掉进下方的裂口。

汉内斯·荣松的巴士横渡努普萨河

我横向攀爬，朝一块看起来很友善的冰挪去。它从冰墙上支棱出几英寸（1英寸等于0.025米。——译者注）来，我站在上头，先是小心翼翼，接着又心怀感激地祈祷它支撑得住我的体重。这比我片刻前无依无靠的状态要舒适得多。我祈祷着如果我掉下去的话，埃林能拉住我；要知道，她可比我轻多了。

对页图

史托克间歇泉

这是为一个绘画团所作的速写示范，由于每隔七八分钟才能看到这座间歇泉喷上数秒钟，所以我画得很粗略。除了我的团队之外，此地挤满了游客。我选了个位置，在这里能看见白色的水花从深色背景前升起，然后我打湿画纸，用画笔蘸了后方山丘的那种深色。我们等啊等啊，可史托克喷泉没有动静。我重新打湿画纸，继续等待。游客们听着我的解说，目光中流露出明显的困惑。突然，间歇泉喷发了，我猛地落笔，创造出带有柔和边缘的白色水柱，接着立刻用黑色水溶性铅笔在湿纸上勾画，表现泉眼周围粗糙不平的地面。最后，我用喷瓶往速写上喷洒了清水，画面终于完成了。然而游客们依然大惑不解。

在这样一个无遮无拦却又束手束脚的地方，要想取出速写本、铅笔、画笔、颜料和水罐来作画，对最热衷户外创作的水彩画家而言也是一场试炼。当我从腰包里摸出速写本时，我不得不让冰镐悬在束带上，还要摇摇晃晃地保持平衡，真是惊险一刻呀。冰块刚好够我在不依靠冰镐的情况下站稳，让我不至于失去平衡。上学的时候，体操和走钢丝从来不是我的强项。在这一时刻，我决定只用一支铅笔，而不是用全套水彩颜料。在这里可不能把速写本弄掉，本子里已有大量速写，要是掉了的话将损失惨重。如果掉的是一支铅笔，则没那么要命。在这种情形下，你会意识到自己的一举一动都得经过精心规划，而且，出于安全方面的原因，你必须不断地重新评估自己的位置。你需要循环地工作：观察地貌；用几根铅笔线条做出反馈；检查自己的位置，确认系索者紧紧拉着绳索且站得很稳；轻轻地晃一下腿，然后回头继续观察，如此往复，直到速写完成。我通常先给场景拍照，再画速写。倘若我用的是尺寸较大的速写本，那么棘手的任务（取下背包，拿出本子，再用登山扣把背包挂在绳索上或背在背上）就会变得愈发困难。这一次，我的画材都在腰包里，因此我应付自如。我左腿的疼痛逐渐加重，因为它承受了我笨拙的姿势产生的压力；但在这里无法做出下意识的反应，即便是挠一挠腿都不行。我又重重地画了几笔，获得了足够的视觉细节。我收起画材，沉重地靠在垂直的冰墙上，检查了插在坚冰里的每把冰镐和冰爪的安全性，然后才继续移动。

一天早晨，凯瑟琳决定在帐篷里休息和阅读。我抓住机会越过最近处的冰川，在冰川鼻附近寻找可以入画的地貌。一座天然形成的冰桥横在水流湍急的冰川河上，我很快地从桥上走了过去。我着手画速写，并开始将全副精力投入到创作当中，对自己身处险境浑然不觉。到目前为止，地面看起来很牢固，周围有大量的岩石碎片，还散布着陈年冰块。就在画水彩速写的时候，我突然感到地面不祥地倾斜起来。我有意识地加快速度，又给速写上了一层薄涂液；随后，我所站立的地面再次猛烈地摇晃。求生的本能占了上风，我抓住所有的画材，可是我所站立的平面突然往下一坠，冰在瓦解，裂了一条可怕的缝，威胁着要让我落入龙潭。接下来的水彩罩色是用破纪录的速度完成的，但不是太完美，因为我脚下的地面在势不可挡地朝着汹涌的冰

Vogekalan

河倾斜。河水看上去阴郁而深邃，无疑也很冷。一旦掉进这浩浩荡荡的冰河，我怎么才能从中脱身呢？它可能会把我拽到冰架底下。该走了——事实上我是从站立的姿势改为跳着走，手中还紧握着速写本和一支 10 号貂毛画笔。

　　冰岛为风景画家提供了许多素材，所以我还会重返这片不同凡响的胜景。北国的吸引力变得令人无法抗拒。在这首冰岛插曲结束后，我选择了挪威的罗弗敦群岛，不过，经过严肃的商议，我舍弃了会危及生命的题材，只在鲜花盛开的草甸作画。我想，带一个绘画团到那里应该足够安全，事实上也的确如此，直到我自己抽出几小时的时间去爬一座低矮的山峰。尽管它高度适中，可是水势不小，在那光溜溜的、湿滑的岩石上进

罗弗敦群岛的瓦加卡伦峰
尽管罗弗敦的山峰并不高，但它们看起来很壮观，是宏伟的绘画主题。

行富于挑战性的移动，着实让我手忙脚乱，有些情况下我还得匍匐前进。附近美丽的山峰尽收眼底，虽然天色阴沉，但我还是要给它们画一幅速写。那些尖峰在阳光下绚丽而辉煌，当缭绕的云幕低垂下来时，它们愈发动人了。唉，攀登峭壁的时候，我在匆忙中竟把颜料盒和调色盘落在了身后。我只得用两管颜料来作画，并拿一只香蕉当调色盘——它的形状不大合适，又并非白色，所以我看不出来自己调的究竟是什么颜色——但不知怎的，它还是起作用了。好笑的是，有时我用随手找到的材料画速写，结果比用最专业的画材进行创作要好得多。许多人认为我的速写比成品画作更好，这让我不禁开始寻思，也许我应该经常在自己能找到的最不堪忍受的地方作画，这样就能画好了。

暮春时节的罗弗敦阴晴不定，层峦叠嶂，不过这些山峰属于攀登者和艺术家，不属于徒步者。我告诉自己，终有一日我要回来，但眼下我的思绪转向了北极。高纬度北极地区是一个完全不同的地方，在一些极其偏远的地点，它将带来新的挑战。

瀑布和相对而立的岩石

岩石上的渔夫小棚屋

这是画在打印纸上并用水彩上色的墨水素描。

David Bellamy

阴晴不定的清晨，奈德雷·海姆雷达尔斯瓦特拉

这幅水彩画是在带有蓝色调的纸上完成的，这种纸适合表现自然氛围。在我画水彩速写初稿的时候，天开始下雨，结果画面被弄得一团糟，但我获得了充足的素材来创作这幅画。

乘雪橇冒险

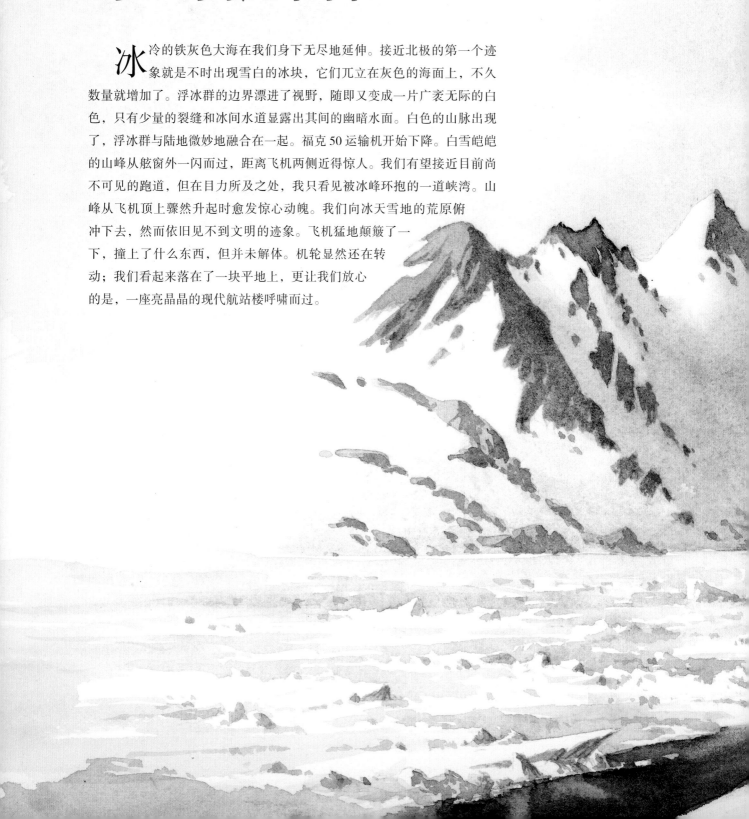

冰冷的铁灰色大海在我们身下无尽地延伸。接近北极的第一个迹象就是不时出现雪白的冰块，它们兀立在灰色的海面上，不久数量就增加了。浮冰群的边界漂进了视野，随即又变成一片广袤无际的白色，只有少量的裂缝和冰间水道显露出其间的幽暗水面。白色的山脉出现了，浮冰群与陆地微妙地融合在一起。福克 50 运输机开始下降。白雪皑皑的山峰从舷窗外一闪而过，距离飞机两侧近得惊人。我们有望接近目前尚不可见的跑道，但在目力所及之处，我只看见被冰峰环抱的一道峡湾。山峰从飞机顶上骤然升起时愈发惊心动魄。我们向冰天雪地的荒原俯冲下去，然而依旧见不到文明的迹象。飞机猛地颠簸了一下，撞上了什么东西，但并未解体。机轮显然还在转动；我们看起来落在了一块平地上，更让我们放心的是，一座亮晶晶的现代航站楼呼啸而过。

正在融化的浮冰群，格陵兰岛库卢苏克

随着春天的来临，开阔的冰间水道（浮冰群裂开时形成的水道）出现了，它们为这个构图增了色。把色彩精简到最少，将易于强调氛围和整体感。

David Bellamy

达恩角村

这座小村庄就在库卢苏克机场附近，村里的建筑物五颜六色的。我把白粉底料涂在前景里，以此表现冰雪的肌理。

这就是我抵达格陵兰岛东部时受到的戏剧性欢迎。对于更加世俗、人口更多的西格陵兰人来说，"图努"（即偏远的格陵兰岛东部）是一潭终年不化的死水。直到1884年，欧洲人才首次对它进行了详尽的描绘：丹麦海军军官古斯塔夫·霍尔姆与加尔达中尉离开格陵兰岛南部的纳诺塔利克，向东海岸进发。他们坐在四艘满载着远征装备、由因纽特妇人划桨的木架皮舟里，还有七名划独木舟的男子保驾护航。木架皮舟是一种大而轻薄的平底船，专供女性使用，它可以被轻松地拖到海岸或浮冰上。它若是遭到损毁，也容易修复。1884年8月，远征队发现有四百三十一名因纽特人生活在阿马沙利克附近的多个定居点。有许多人从未见过欧洲人。在因纽特社会，男性狩猎，女性将猎获物加工成食品、燃料和服装。霍尔姆发现女性的人数比男性要多出许多，在没有儿子的家庭中，女儿就像男性一样学习狩猎。换妻和"试婚"很普遍，他们定期更换伴侣，有时很频繁。这些与世隔绝的小社区深受近亲婚配和酗酒的困扰。

乔治将落网的野兔拉出来

即使在 21 世纪，对于多数人来说，除了夏季乘船、其余季节乘雪橇到邻近的社区以外，根本无处可去。在漫长的冬夜里，他们坐在电视机前，必然徒增对封闭世界里错过之物的感触。

我们现在是在货真价实的北极，而库卢苏克的四月依然寒冷。这里的人口约为三百人，狗的数量可能也差不多。我看到了深深的积雪和四周峻峭的山脉。我的同伴托本·索伦森是丹麦人，他没有登山经验，却热衷于探索荒野。他对格陵兰岛一直怀有一种深深的迷恋，原因是他的父亲曾在第二次世界大战后参加过丹麦地理学家兼探险家劳厄·科赫博士的探险队。那些探险加强了丹麦与格陵兰岛之间的联系；如今格陵兰岛已然拥有一定程度的自治权，但它在许多方面还是重度依赖丹麦。托本上过我的好几次绘画课，我们已经结为挚友。我们的首次北极之行只定了一些保守的目标，因为它对我们来说是一片未知的土地。在有限的时间里，我很难捕捉到所有的速写目标，其中当然包括北极熊。尽管我比较喜欢到远离定居点的地方旅行，喜欢住在偏僻的棚屋里，但我们时间有限，没法这么做；因此这趟旅程将是一道开胃菜，它能帮我们在北方地区积累一点经验。

David Bellamy

越过海冰

这个场景有着柔和的氛围，远处的冰山即将被飓吞没。

晚霞映照之下的冰山

这是在光线消逝时争分夺秒的速写，我边画边幻想着一大群饥肠辘辘的北极熊即将从暗处现身。

　　朝阳在冰面上投下点点银星，然而在雪橇上坐等出发实在是冷极了。雪橇犬们兴奋地跳来跳去，因热盼着从冰原上升起的朝阳而汪汪直叫。托本坐在另一架雪橇的后端，我们每人都有一位因纽特驾驶者，他们通常坐在前面，噼里啪啦地甩着鞭子，用古怪的喉音给哈士奇下达指令。雪橇猛地一晃，我们便出发了。雪橇滑过松软的雪，行驶平稳，如梦似幻。在澄澈的光线中，你能望得很远，可以心情愉悦、不慌不忙地画远山的速写。格陵兰雪橇在平稳行驶时是绝佳的速写平台。有很多次，我在给荒野风景画速写的时候把托本的雪橇作为焦点画下来。一不留神，八到十二只狗在素描里看起来就会乱七八糟的。画两三只狗的脑袋，再加上飞扬而模糊不清的粉雪（这是省略那些飞奔的狗腿的好办法），便足够了。

当有景物真正唤起了画精细素描的激情，我便叫雪橇停下。画速写时，我们经常抓住机会喝点热饮。在雪橇上坐了一段时间之后，我们总是喜欢拉伸四肢，像狗那样蹦跶一会儿，暖暖身子。

我们的路线横跨了峡湾，向山坡上升，又在山背面降至下一座峡湾。一路上毫无生命的迹象，没有鸟兽来纾解这灰色的荒凉。天气的变化历历在目：从阳光和煦，到出现饱含水分的靛蓝色雨云，其间还夹杂着缕缕白云；暴风雪则殷切地待在远方。在这片由黑白二色统辖的风景中，尤其是在容易削弱色彩的平光下，对比度鲜明得惊人。艺术家必须细心地从呈现在眼前的中间色调里找出细微差别，但迎着耀眼的白雪就很难看出来了。在这里，我不得不费劲地寻找色彩，同时还要提防前方可能把雪橇掀翻的岩石。我已经损失了不少铅笔——当我们急转弯、飞跃冰丘或撞进雪堆的时候，它们就从我的手里飞了出去。眼睁睁地看着速写本掉进冰裂隙，令人异常恼火，可哈士奇们对此好像没什么概念。我有时会想，领头狗一定是对艺术家们怀恨在心，因为它似乎经常径直朝着破雪而出的最狰狞的岩石冲去。

冰封的塔西拉克港

图比拉

图比拉起源于阿马沙利克，它之所以被设计出来，是为了消灭敌人，或至少给敌人带来巨大的不幸。起初它由动物、植物，甚至是人类的残骸组成，各个部分被固定在一起。制作者在制作过程中会演唱巫歌，以增强其威力。图比拉一旦做好，就被放进大海，留在那里发挥它致命的作用。不过你在做这一切的时候得留点神，因为倘若目标受害者的法力更强，图比拉就会反噬施法者；不论你原打算让目标受害者承受何种命运，它都会降临到你自己头上。欧洲人来到格陵兰岛时，当地人自然而然地意识到将图比拉当作旅游纪念品出售的价值，并开始用木头雕刻图比拉，后来又用到驯鹿角、海象和独角鲸的长牙。多数图比拉是对奇思妙想的骇人呈现，而另一些则以北极熊、鸟类或海洋哺乳动物为原型。当然，他们制作的雕像越恐怖、越怪异，卖得就越好。

Tupilak

塔西拉克的老教堂

为了增加前景中的岩石肌理，我在合适的位置粘了和纸碎片。这座教堂如今是一座博物馆。

David Bellamy

在坚硬的雪面波纹（由风雕刻在冰面上的冰脊）上滑行，宛如骑在一台高速运行的修路钻机上，因为冰硬得就像石头一样。我们在一个地方停了下来，查看托本的驾驶员本特在一两天前下的网是否逮住了海豹。一根敲进海冰里的标杆标志着这个地点，因纽特人往下挖掘，直到一小片深色的水面露了出来。果不其然，本特的朋友乔治收网时，一只小环斑海豹

已经落网了。这一天剩下的时间里，托本有幸在雪橇上与臭气熏天的海豹作伴。

傍晚时分，我们迫切地感到需要押一押腿，所以套上羽绒服和雪地靴，从旅馆出发，徒步走过厚厚的积雪，向着峡湾前进。一离开旅馆建筑，我立刻浮想联翩：每座大冰丘后面都藏着北极熊，它们伺机而动，准备跳出来扑向我们。我们没带步枪，我身上用来防范北极熊攻击的最大号武器就是一支10号貂毛画笔。陆地

消失、峡湾出现的地方并不明显，可我们希望峡湾的冰够厚，能承载我们的体重。这是一个明净的傍晚，远处的海面上有一轮落日。巨大的冰山静静躺在伊卡萨尔提克峡湾里，等待夏日融雪将它们解放。峡湾对岸，伊伯拉吉维特山的山坡被雪覆盖，在余晖中变成粉红色。西方耸立着一排陡峭的山峰。从我们所站的地方看不到任何文明的迹象，只有原始的北极景观。

我们在感觉靠近峡湾边缘的地方停下脚步，取出速写装备，开始画素描。我摘下一只手套，才意识到天气有多冷。我们又检查了一遍，没看见什么熊；不过我们很清楚，如果真有一只熊现身，在它逼近之前，我们根本来不及回到旅馆。冰山在晚霞中发出火红的光辉，所以必须来几幅水彩画。水保存在氯丁橡胶袋里的容器内，袋子又放在我的羽绒服内侧，但我把水倒出来时，它立马变成了冰泥。我迅速地将大号画笔浸在冰泥里，又蘸上颜料，把它往速写本上涂，然而笔毛已然冻得硬邦邦的了。我把这支笔丢在一边，又拿起第二支笔，一心想在笔毛结冰之前给局部背景画个薄涂层。薄涂液一到纸上就结冰了，形成网状斑。通常情况下，进行这样的速涂时，我会用一支水溶性彩色铅笔在潮湿的薄涂层中勾画，但此时铅笔只能在结冰的网状斑表面吱吱作响，留下一道彩色的线条，而非我期望的在湿润的表面画出的浓烈线条。温度急速下降，视线范围内依然没有熊的踪影。托本在近旁作画，我们对彼此所付出的可悲努力报以阵阵大笑。

多年来的经验告诉我，不论一幅速写多么令人绝望，从作品中总能积累一些有积极作用的东西。光是看看你的笔触（不论它们有多么狂野，多么凌乱），你就会发现相关场景的许多细节如潮水般涌入记忆。在返回帐篷、旅馆或其他住所后，立刻将记忆犹新的细节或重复性的细节完整地画下来，将会进一步提升这幅速写；但你若是画过了头，就会弄巧成拙了。

就在我们把铅笔收起来的时候，光线消失了，所以该返回基地了。我们穿过深深的积雪，在北极的薄暮中徒步。我们不住地回头张望，思

雪橇上的托本和弗雷德里克

我跟着托本的雪橇翻过一个山口，这时我注意到，在那架雪橇的顶部，有几条胳膊和腿在以疯狂的角度胡乱飞舞。像所有驾驶者一样，弗雷德在上坡路段得起身离开雪橇，帮助狗爬坡。不幸的是，当狗达到平地时，他没能赶上雪橇。他的主意是跑上前去，飞身跃上雪橇的前部。然而可怜的弗雷德慢了一步，他勉强滚到了雪橇的尾部，然后只得从托本身上爬过去，挪到前面——于是便有了这幅画所捕捉到的一场混战。

驶进迷雾笼罩的冰山

格陵兰岛塞尔米利克峡湾中的冰山
迷雾来来去去，因此我用水溶性铅笔飞快地画速写，以便捕捉变化的场景所引发的戏剧性大气效应。

维因胡思乱想而活跃——在想象中，一大群北极熊正穷追不舍呢。

* * *

塔西拉克是格陵兰岛东部最大的定居点，人口约有一千八百人。我们前往那里时，直升机从动荡的浮冰群上方几英尺高的地方掠过，这些浮冰被冰间水道撕扯得七零八落。1894 年，这里建立了一个丹麦人的聚居地。小镇位于阿马沙利克岛，坐拥奥斯卡王港南岸波浪起伏的土地，拥有壮阔的自然环境。奇米尔塔加利普·卡卡尔提瓦在远方耸立着，其秀美的山峰高达 1003 米（3290 英尺）。这座山是围绕着塔西拉克的环形山脉中的明星，山脉在面向大海的方向有个缺口。

小小的港口冰封雪盖。各式各样的船舶都冻结在港口里，有些船被埋在深雪之中，几乎要看不见了。在这云雾缭绕、光线幽暗的午后，港口成了从多个角度画速写的绝佳题材。随后，我们到本地的小咖啡馆里喝下午茶，那里塞满了书本、古怪的图比拉和其他北极物品。可选择的茶

住宅

　　只有格陵兰岛的极北地区才建造圆顶冰屋，那些冰屋是临时建筑，仅仅在狩猎远征期间使用。塔西拉克博物馆里有一座复建的格陵兰岛草皮屋，它是传统住宅的绝佳样本。这些原始的住宅是用大石头建成的，以草皮作为墙面，皮面屋顶则由漂流木制作的房梁支撑起来。它们是低矮的方形建筑，窗户用半透明的海豹内脏制成，可以透光而不让外人看到屋内的情形。大张的海豹皮被用作屋顶，还用来将不同的家庭分隔开来。小屋内想必相当拥挤，塔西拉克这个样本的面积约为 28 平方米，而住在里面的人数多达二十五人。挪威探险家弗里乔夫·南森（见第 52 页）对因纽特人的居家安排（许多人在屋里近乎赤身裸体）深感不安，他如此评论因纽特住宅中的空气："浓重的气味被人类排出的你能想象到的各种气体充分调和了。"春季大扫除的方法就是把皮面屋顶挪开，让风雨将屋内冲刷干净。

草皮屋

点简单而有限，但亲切热情的招待却令人振奋。

　　阳光灿烂的一天开始了，我们的狗拉雪橇之旅将通往偏远的小定居点伊卡泰克，它坐落在山背后海岛的另一侧，邻近塞尔米利克峡湾。托本的驾驶员是一位名叫弗雷德里克的因纽特长者，他的面庞和蔼可亲、布满皱纹，显然多年来见识过各种极端环境里的狩猎，我希望一有机会就给他画速写。我的驾驶员萨洛要年轻得多，他得意地留着硬毛刷似的发型，讲得少，嘀咕得多。伴随着必不可少的剧烈颠簸，我们像被弹射器发射出去似的起程了，雪橇犬兴奋得和鸡栏里的狐狸一样。我们转瞬间便在奥斯卡王港全速前进，同时祈祷着能够绕过我之前发现的那些模样凶险的冰间水道。行驶的速度很快，令人精神焕发。我们穿过一片被崇山峻岭环抱的平坦地形，朝峡湾上游挺进，那里有一道隘口，位于两座轮廓分明的山峰之间。我在移动时依然能画速写，这可真是上天的恩赐啊。

　　我们从峡湾尽头开始向上攀升，起先有一座缓坡，但它很快就变陡峭了，我们的行进速度降至步行的水平。四周尽是险峻的雪坡。我听到背后有噪声，就试图分辨这种声音，但它飘忽

定居点的现代住宅是彩色的木质建筑，也夹杂着一些色彩灰暗的房子。塔西拉克的绝大多数房屋都建在高高的混凝土地基上，好让房门在冬季里不受积雪的影响。按照惯例，这些建筑都根据其用途来粉刷颜色——住宅是深红色，医院是黄色，鱼类加工厂、商店等商用建筑是蓝色，诸如此类。最近，紫色、粉色等其他颜色也开始在各地使用了。

烟囱是用红色或土黄色的小砖块垒起来的，没有烟囱罩。有的建筑只有一根烟囱管。燃料主要是石油。

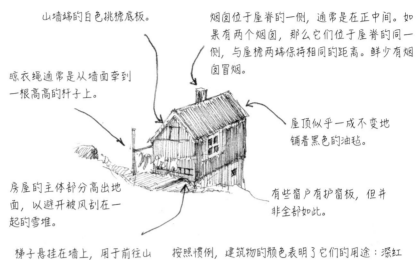

山墙端的白色挑檐底板。

烟囱位于屋脊的一侧，通常是在正中间。如果有两个烟囱，那么它们位于屋脊的同一侧，与屋檐两端保持相同的距离。鲜少有烟囱冒烟。

晾衣绳通常是从墙面牵到一根高高的杆子上。

屋顶似乎一成不变地铺着黑色的油毡。

房屋的主体部分高出地面，以避开被风刮在一起的雪堆。

有些窗户有护窗板，但并非全都如此。

梯子悬挂在墙上，用于前往山墙端尖顶下面的门，门后面是位于屋顶下方的储物区。

按照惯例，建筑物的颜色表明了它们的用途：深红色是指住宅，蓝色是指商用建筑，黄色跟医疗健康有关，诸如此类。但如今区分得没那么严格了。土灰和暗绿也是两种常用的颜色。

塔西拉克的住宅

不定。我打了个寒战：莫非有一只北极熊在追踪我们？在这种速度下，一只熊可以轻轻松松地逮住我们，然而我没看到有什么东西尾随着我们。萨洛似乎没注意到那阵噪声，雪橇犬也未流露出受惊的迹象，那我肯定是在胡思乱想。噪声又出现了，它虽然并不可怕，却让人心烦意乱。我们到达山口顶部后便开始下山，朝一座冰冻的湖泊驶去，雪橇的速度又快了起来。我处在飞驰于雪原之上的兴奋中，忘记了那种噪声。我们持续跑了一段时间，直到抵达一座狭长而陡峭的山崖底部，才停下来休息。这给了我为弗雷德画铅笔肖像画的理想机会，而他好像也很乐意摆姿势。

短暂休息之后，我们爬了长长的坡，又沿着一条路往上走，然后需要从一道结冰的瀑布往下降。瀑布的冰基本都被雪掩埋了，白皑皑一片，很难看出距离底部有多大的落差。我们跳下雪橇，试图尽可能体面地往下走，然而重力不可避免地占了上风。突然之间，我们飞到了空中，垂直下落。事情发生得太快，让人根本来不及思考，在撞到屁股时，我嘴里头一回迸发出诅咒。好在我们在深深的雪里软着陆了，大家欢天喜地。

我们抖掉身上的雪，重新登上雪橇，继续朝前方的海岸进发。一道缓坡将我们带到塞尔米

在傍晚跨越奥斯卡王港
我们返回塔西拉克时，霞光染红了奇米尔塔加利普·卡卡尔提瓦。

David Bellamy

利克峡湾，一踏上海冰，弗雷德和托本就驶向另一个方向，朝云雾缭绕的冰山上的一片森林奔去，原因只有弗雷德才知道，也可能只有他的狗才知道。海雾去而复返，上一刻还为艺术家营造出缥缈而朦胧的场景，下一刻就将一切全部抹去。我们很快就到了伊卡泰克。当我们下雪橇时，萨洛从雪橇后面的袋子里掏出一只小哈士奇——原来那些奇怪的噪声都是它发出来的！

弗雷德里克

几分钟后，托本和弗雷德庄严地驶进镇子。我和托本很乐意活动一下，便动身探索这个地方。伊卡泰克由五六座破败的小屋组成，它们亟需修整和粉刷。冬季期间，此地通常无人居住，我们只遇到两三个当地人。附近的塞尔米利克峡湾里坐落着一些优美的冰山，这些冰山和小屋让我们的铅笔忙活了几个小时。1888年，正是在这里，声名卓著的挪威探险家弗里乔夫·南森计划开展首次横跨格陵兰岛冰盖的旅程，然而一下船，他就发现绝无可能穿越浮冰群抵达岸边。为了避免两船相撞，六人组成的探险队带着帐篷和船，爬上一大块浮冰，花了约十三天的时间，向着格陵兰岛的东海岸漂流，直到终于见到陆地。尽管有这样一个不祥的开局，他们最后还是达成了目标。

在返回塔西拉克的旅程中，我们遇到的第一个挑战是让雪橇爬上近乎垂直的冰瀑。遍地都是松软的积雪，因此没什么危险；但是雪橇犬是在努力向上爬，考虑到它们在奔波劳碌时喜欢给自己减轻负担，我们在后面推雪橇时显然开心不起来。不过我们还是平平安安地上去了，前进的速度又快起来。

诸事顺遂，直到我们开始沿着长长的陡坡朝塞尔米利克韦恩山谷下降。下降的幅度约为244米（800英尺），雪橇横冲直撞，失去了控制——由于坡度保持不变，简易的制动器无法控制雪橇。雪末和雪块漫天飞舞，如云似雾，我则紧紧抓住雪橇边缘，同时意识到狗是被攮着在前面跑。一只狗滑倒了，雪橇溅了这可怜的动物一身雪，跟《猫和老鼠》动画片似的。就和动画片里一样，那只哈士奇突然又从我们身后冒了出来，看起来毫发未损，因为雪很松软。接近底部时我只看到，在我们以每小时80千米（50英里）的速度直奔而去的大片漂砾之间，有一条窄沟，更惊险的是，要接近这条沟，就得驶过一道铺满硬雪的斜坡，它的两侧都很陡峭。以这种速度，结局很可能是撞上漂砾。最后一段路在记忆中一片模糊，当时我们是在斜坡上飞驰，又在千钧一发之际避开了漂砾，安然无恙地登上后方平坦的湖面，稳稳地停了下来。

然而托本和弗雷德就没这么走运了。我和萨洛无法看到巨大的漂砾背后发生了什么，只好屏息以待。突然间，他们的雪橇出现在沟里，上面空无一人，而且撞坏了。我惊恐地朝那条沟跑过去，看见托本跌跌撞撞地走着，弗雷德跟在后面。他们气喘吁吁，除此之外平安无事。他们的雪橇彻底失控了，因此当它接近岩石时弗雷德跳了下去，托本也及时跟上。在我们继续往前走之前，他们的雪橇需要修理。这花了一点时间，不过在它被修补好之后，我们就没再出事故，一路顺利地抵达塔西拉克。

* * *

卡卡尔提瓦卡吉克是一座耸立在塔西拉克南面的小山，高度为 679 米（2227 英尺），它看起来很适合作为午后远足的目的地，不过画速写会将徒步的时间拉得更长。山上覆盖着厚重的积雪，自从我们来到这里之后就引诱着我。我们在爬山的过程中眺望大海，只见浮冰群一直蔓延到天际。

托本和朋友们

出于某种说不清道不明的原因，托本在雪橇上似乎总是与一两只臭烘烘的海豹作伴。

在冰天雪地中运用色彩

　　由于冰雪的色彩和色调复杂而微妙，我在北极工作时倾向于更多地画彩色速写，而在世界上的其他绝大多数地方，铅笔速写和单色画就完全能胜任了。使用水彩时，这明显会引发不少问题，所以我钻研出许多技法，用以对付零度以下的气温。我在这里以图画来说明解决问题的三种办法；其中有两幅关于赫格角的速写，实际上给下一章中出现的图画提供了参考。《在北极画速写和绘画》（第160页）探讨了在这种环境中画速写的更多技法。

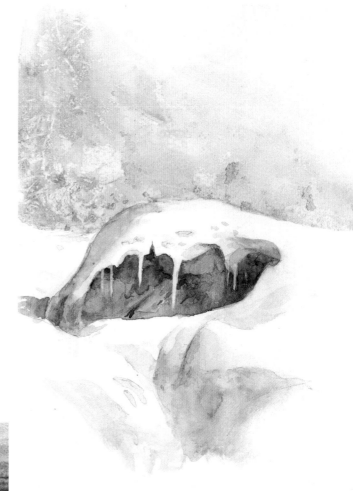

赫格角附近的土体成冰

由于画笔迅速结冰，所以只有天空区域是当场绘制的，用的是水彩和杜松子酒。显眼的网纹和团块是由薄涂层结冰而引起的。团块变成了冰块，后来又融化了。我返回小屋后完成了速写。

赫格角的老房子

在画一张速写的过程中，环境温度有时会发生变化，这要取决于太阳、风，以及我是否待在庇护所里。这是一张画在打印纸上的水彩速写，一开始，它的天空区域只是微微显出结冰的迹象，但当我加了更多的水后，冰纹便浮现了，从背景中的山脉上便能看出来。画笔上的薄涂液结了块，于是丧失了流动性，在纸面上制造出痕迹。我用黑色的水溶性彩色铅笔勾画了细节。

于默山脉上的山峰

这张速写是用铅笔在现场完成的，以排线来表明天空的暗部、山脉的阴影，还有幽暗的峭壁。回到基地后，我在排线的区域涂了基本的水彩薄涂层。在零度以下的环境中工作，而且色彩并非很重要的时候，这是个行之有效的方法。

　　托本还没有在冬天的山上作过画，因此一到适合他练习的地点，我们就计划实施一系列冰镐制动，在陡峭的雪坡上，它们可以防范意外坠落的潜在风险。头朝下从瓷实的雪筑成的陡坡上滑下去，并不是什么正常行为，但我找到了一座底部坡度平缓且没有石头的陡坡。我示范技巧之后，托本就兴致勃勃地开始自己往下滑了，我们花了点时间从中找乐子，在这个过程中，我们从头到脚都沾上了雪。

　　很快就该出发了。我确信现在我们两人都能用冰镐来防止自己坠落，于是走到一座冰坡上。能见度已经变差了，平光如此具有迷惑性，以至于我发现难以看清这座坡，也不知道它向下延伸到多远的地方。我毫无征兆地滑倒了，开始一溜烟地往下滑。这座坡比我想的更陡、更高。我的冰镐在无意间凿进了坚硬的雪面，让我停了下来。这对于托本来说是一次精彩绝伦的示范，可是，尽管为人师表，我却感到自己像个小丑一样。我很想说："看到了吧，就该这么做。"但我俩却因为其中的讽刺意味而忍俊不禁。不过我们还是上了一课：在这种光线下，即便一座小山也会变得很危险。

　　我们继续往上爬，山真的变得陡峭起来了。我们与于默山的山峰隔空相对，它们那模糊的形状融进了灰色的天幕之中，看起来像阿尔卑斯山一样，令人印象深刻。脚下几百英尺处的崇山峻岭与我遥遥相望，但它看上去最多只有6米或9米（20或30英尺）。现在我们距离顶峰不远了。此时托本明智地决定不再往前走，但他却怂恿我继续前进，而他自己则很乐意在一些岩石的背风处等我。我不喜欢在山上与同伴分开，因为这会带来种种麻烦；不过我决定最多往上走

画速写的托本

有时我们需要包裹得严严实实，以抵御严寒和强风。这种天气让画速写无比费劲，除非我们能找到庇护所。

二十分钟，否则托本的体温会下降，而且在这种光线下，我走得越远就越难看清他在哪里。坡度依然陡峭，光线则越来越差。我说服自己，现在离山顶不远了；可是每次看起来要接近它时，必然又会出现一座山坡。我回头朝下张望。那是托本所在的位置，还是我的错觉？即便是滑雪衫上最鲜亮的色彩，也融进了因距离和大气而形成的单调灰色之中。我所体验过的愉悦烟消云散，变成了自我告诫：要是我在返程中找不到托本可怎么办？没有庇护所的话，他在北极的山上连一个夜晚都熬不过。若是出了什么事，我永远都无法原谅自己。

我意识到几分钟后就得往回走了，便加快了步伐。坡度依然没有变缓，也没有顶峰的踪影。现在一定已经接近山顶了。这件事变得滑稽起来：从一方面来说，这是一座本该很容易攀登的小山；从另一方面来说，区区小山无足轻重，那么就算我没有登顶又有什么关系呢？二十分钟过去了。在多数人眼中，登顶是一项体育挑战，这是登山的唯一理由。然而对我来说，它总是排在第二位的；居于首位的是在这种壮阔的景色之中，从视觉上与精神上获得的感触，以及这种时刻的生命体验。我如果回不去，那就太不负责任了。登顶是一项无甚意义的运动。因此我往下走，循着自己的足迹回到了精神抖擞的托本那里。在傍晚昏暗的光线中，我们一起下了山。

走进冰原

狂吠的哈士奇

这幅作品的铅笔速写草图记录的是我的一个瞬间记忆：当时我们在一座陡坡上向下疾驰，我回头看后面的雪橇，同时保持着双腿跨坐在雪橇上的姿势。接着我就从雪橇上弹了起来，撞到雪岸上，然后又弹了回来，此时仍然是一手拿着速写本、一手握着铅笔。

我们在一条狭窄的河床上着陆了，它裸露在外，已经明显风化，紧挨着白色的雪地。在这茫茫白雪之中，仅存的一点文明迹象是几座小屋、一座控制塔，还有散布在这偏远的格陵兰岛东部飞机跑道四周的各色碎石屑，目力所及之处，尽是冰雪和山脉。这里没有道路，没有城镇——除了原始的自然之外一无所有。康斯特布尔·平特机场的飞机跑道位于哈里峡湾边缘，高耸的峭壁朝内陆升起。峡湾从空中看起来很大，但它只是世界上最巨大的峡湾系统——斯科斯比松的一小部分。后者是以惠特比的捕鲸船长威廉·斯科斯比的名字命名的。在仲冬时节，这里的人有将近两个月的时间见不着太阳。

在这趟雄心勃勃的远征当中，我们前往格陵兰岛更为偏远的地区，为此我和托本准备得更充分了。我们下机后前往接待区，从两个左顾右盼的人身边匆匆走过，他们正站着看几位旅客下机。入境站的人没有操心护照之类的琐事。取好行李之后，我们被礼貌地告知要到外面去，正如你所想的那样，告知者是那两个左顾右盼的人。我的英语让他俩一脸茫然；托本试着说了几句他在夜校学到的格陵兰语，然而对方仅报以困惑的神情。他改说丹麦语，情况才有所好转——面相和善的高个儿伊萨克对丹麦语略知一二。他的矮个儿伙伴延斯·埃米尔看起来就像蒙古战士的缩影，那噼里啪啦的说话方式也强化了这一形象。这两人是我们的向导，将在远征中引领我们穿越斯科斯比松北面的山脉和海冰。他们将我们带进一座破旧的、标有"旅馆"字样的铁皮棚屋，在我和托本换上北极衣物并重新整理背包内的物品的时候，他们做了一大堆丹麦香肠。

屋外有两架雪橇在等着我们，上面的远征装备堆得老高，还盖着麝牛皮。哈士奇又吼又跳，它们一心渴望出发，把自己的缰绳绷得紧紧的。我不禁将这些狗与沙漠里的骆驼进行对比；后者对出发罕有热情，在预感到即将经历一连串磨难，要负重在崎岖的地形奔波时，也不会高兴得上蹿下跳。

雪橇猛然滑行起来，嘶嘶作响地驶过深深的积雪，沿着缓坡下降到峡湾。在远方，罗斯科山的峰峦冰封雪盖、犬牙交错，在落日西沉时泛着粉色。趁着还有光线，我画起了速写；与此同时，我们正跟在大约八只狗后面横冲直撞，还有熟悉的臭味相伴。托本和伊萨克坐在另一架雪橇上，在冷白色峡湾的映衬下，他们有如黑色的蚀刻画。托本正在雪橇上享受着一具海豹尸体的陪伴——它是我们接下来几天里的一部分口粮，也为混杂的气味增添了浓墨重彩的一笔。

在这趟夜间雪橇之旅中，我们朝哈里峡湾跑了若干英里，抵达位于卡尔克达伦谷底的一座棚屋；翌日清晨，我们将顺着这条山谷上山。在夜晚澄澈的空气里，我们从老远就看到棚屋了。此地有着排山倒海的绝对寂静，这在21世纪的英国几乎不可能体验到，即便在山里也不行。没有一丝微风搅动大气。自由感在这种时刻油然而

冰楔

这些巨大的冰片是在潮水的压力下升起来的。

起，令人心生喜悦，而这正是我喜欢待在北极的一个主要原因。连刺骨的寒冷似乎都向我体内注入了焕然一新的能量。

太阳已经落山，不过余晖留下了充足的光线，使我能够在到达棚屋时给它画一幅简单的速写。绚丽的橙色晚霞有着无穷无尽的色调变化，由亮橙色逐渐向上过渡，转为益发深沉的蓝绿色苍穹。它渐渐从西天消逝，与此同时，淡紫色、紫色、蓝色和粉色则渲染着东方的景致。我尝试画水彩薄涂层，然而画笔顷刻间冻成了硬邦邦的冰柱。由于我画速写时戴的薄手套的衬里无法应付骤降的气温，寥寥几笔铅笔画就让我的手一下子冻僵了。我跑进棚屋，伊萨克已经在里面生起了炉火。我一缓过来，便在速写上面铺了薄涂层，此时透过雾气腾腾的窗户，我依然能看见北极的暮光在闪耀。

利物浦半岛和斯科斯比松的概略印象

我们的路线穿越了山脉和
浮冰群。

- - → - -

除了深色的冰间湖外，图中显
示的所有海洋和峡湾区域都上冻
了，并且覆盖着积雪。冰间湖是
浮冰群中间的一片开阔水域。

棚屋只是一个由两个房间组成的盒子，房间之间靠一个没有门的门洞相连。不出所料，它的室内陈设远远称不上奢华：糟糕的床铺、一张小木桌、坐起来极其难受的凳子、火炉，以及一个盥洗区。当然啦，这里是没有自来水的。要想得到水，就必须在两只煤油炉上把冰雪化开。用来供暖的主炉以石油做燃料，它很快就让这地方变得温暖舒适了。在吃了一顿丹麦午餐肉和面包之后，我舒服地蜷伏在自己的睡袋里。重返北极可真好啊，一想到明天要穿越山区，一整天都将乘雪橇、画速写，我就兴奋得难以自持。

　　次日，在吃过什锦干果麦片早餐之后，我不得已地去上厕所，这间厕所令我永志难忘。它位于前一间小屋的入口处，在一个显眼的位置迎接走进小屋的每一个人，他们可以在这里观看如厕者的一举一动。为了在这种情形下保留自己的尊严，我有几分夸张地发出大量令人生厌的噪声，以此表明我正在厕所里行五谷轮回之事。再加上因身穿连体内衣而发出的例行咒骂，整个过程就更热闹了。

在浮冰群上乘坐雪橇

一道光线划破北极寒冷的天空，使小冰山上闪现出黄色的微光。在恶劣的天气里，浮冰群是荒僻而危险的所在。

David Bellamy

冰雪城堡

雪橇让这座城堡般的冰山有一种巍峨感，它陷在浮冰群中，
直到夏季的温暖将它释放。

David Bellamy

在室外，即使你裹着羽绒服，寒冷还是像一堵坚冰做成的墙似的砸过来。为了暖和身子，我一边快速地走来走去，一边欣赏峡湾的风光；狗儿又一次欢蹦乱跳，渴望着出发。它们必须得到安抚，以免冲出去。附近有一颗麝牛头骨躺在雪地里。冉冉升起的朝阳给我们带来暖意，在万里无云的天空下，我们行驶在峡湾的冰面上，起初是向北方前进。就在靠近峡湾的源头时，我们转向了东方，在深深的积雪中沿着卡尔克达伦（意为"石灰岩谷"）向上攀爬。地形很快就变得陡峭了，为了帮狗减轻负重，我们跳了下来，跟着雪橇在厚而松软、消耗体力的雪中行走，不过"艰难跋涉"这个描述可能更贴切。这让我明白了狗的价值。它们多半时间都吐着舌头，奋勇地拖着雪橇走过深深的雪，而我就算不用拉任何东西，也得在雪中艰难挣扎。我最喜欢的一只小母狗名叫米吉楚楚，虽说哈士奇跟普通的宠物犬相比无异于野生动物，但这只狗看起来温柔可亲，而且每天早晨都热情地迎接我。它有一身漂亮的、泛红的皮毛，双眼有着对称的斑点。哈士奇在一支队伍里要待七八年的时间。

在 19 世纪英国皇家海军派遣探险队调查西北海峡时，他们笨重的雪橇是用沉甸甸的橡木制成的，带有铁制滑行装置，由水手们拖行。按照真正的皇家海军传统，每架雪橇都有一个鼓舞人心的名字和一面三角旗。它们通常装备着风帆，由一名军官来指挥，颇有战舰风范，有时甚至还有乐队相随。这一切都没有打动爱斯基摩人，后者轻便的狗拉雪橇的移动速度要快多了。水手们自然无法靠狗的配给量活下去，因此他们只得携带更多的补给。而爱斯基摩人跟海军不一样，他们没觉得每餐都要用全套的银质餐具。

地面终于下降了，我们坐在雪橇上，以飞快的速度往下冲。我试图用速写捕捉这一狂野的情形，却从雪橇上掉了下去，又从一片雪岸上弹了起来，然后又落回到雪橇上，手里依然紧紧握着铅笔和速写本。我们的路线穿越了冰冻的湖泊，逐渐向一片低矮的马鞍形地带攀爬，在我们向前移动的大部分时间里，我都在画速写，所用的画材主要是水溶性铅笔。要是摆出全套水彩装备，未免太不知餍足了，因为倘若雪橇像经常发生的那样突然改变速度，从一侧摆到另一侧，那么山坡上将会撒满颜料和画笔。

过了一段时间，我们到达一条冰川的前端，一座秀美的山峰屹立在它的上方。我们停下来吃午饭，但我优先考虑的是给引人注目的冰川形态画速写。这引发了向导们的一些议论，他俩注意到我整个早晨都在不停地画画，这在他们看来是令

赫格角的老屋

与我们居住的较新的小屋相比，这里面就是一个黑洞，但在艺术家眼中，它有着赏心悦目的外形。

北极熊与格陵兰岛赫格角的概略印象

人无法理解的怪癖。托本用丹麦语教化他们，结果引起哄笑。我设法从略微不同的角度画了两幅水彩速写，不过其中的一幅需要以后在小屋中完成。正午的太阳让气温恰好维持在冰点以上，所以绘画相对来说比较容易，没遇到结冰的问题。

　　我们的路线在令人瞩目的山峰之间蜿蜒，穿过了皑皑白雪。深深的、有坡度的雪偶尔让我们降至龟速。我们逐渐下降到霍森斯峡湾的源头，雪橇在这片被白雪覆盖的平坦冰面上飞驰着。峭壁从两侧将我们围住，前方的景色貌似对良好的构图做出了承诺，因此我备好了速写工具。半小时后，风景看上去好像并没有离得更近。我们似乎花了一小时的时间才到达我挑选的地点，而此时景色已经完全变了。在通透的大气中，我们对尺度的感受超乎想象的靠不住。这里没有任何事物能给你关于距离或尺度的概念。没有熟悉的树木、房屋、车辆、人群——一无所有。

格陵兰岛东部的雪橇

　　即便在格陵兰岛的一个地区之内，雪橇的设计也变化多端，在这两幅素描中，雪橇的滑行装置迥然不同。斯科斯比松雪橇是为远征探险配备的，而另一架雪橇则用于一日游。虽然现在雪地车越来越常见，但在冬季捕猎或造访邻近的定居点时，乘坐雪橇依然是首选的交通方式。在温暖的季节里，有些地方海冰较薄，因而乘坐雪橇受到了限制，也变得愈发危险。雪橇通常由八至十二只狗拉着，它们总是蠢蠢欲动，盼着出发。

它由呈扇形的八至十二只哈士奇拉着，现在依然是穿越雪原和浮冰群的最佳工具。不可避免的情况时不时地发生——绳索无药可救地缠在一起，或是狗儿打起架来，然而哈士奇还是继续拉着雪橇往前跑，着实令人叹为观止。

扇形

有很多雪橇会在尾部装一个制动器，但在极陡的坡上，它的效果有限。延斯像多数人那样，用一组盘成一圈、相互交织的绳索来刹车，他将它扔到雪橇前部的滑行装置上，这样能让雪橇逐渐减速并最终停下来。

这架雪橇为了一次远征而负重累累，装备上盖着麝牛皮。罐子和锅子在后面左摇右晃，而且那里总有一只大口袋和一支步枪。前面的金属箱子里装着我们的口粮。

在碾过冰脊、雪面波纹和不时出现的石头时，雪橇要不断承受来自四面八方的压力，因此它被绳索紧紧束住，好像钉子会弹出来似的。滑行装置有时是张开的，有时是垂直的。

在大多数时间里，乘坐狗拉雪橇都是一件从容不迫、甚至可以说平静安详的事。但是，在深雪里移动滑行一整天，会用到平常无须动用的肌肉，因此第二天你会发现平时没什么感觉的地方隐隐作痛！

格陵兰岛东部斯科斯比松的雪橇

本特的雪橇是浅浅的原木色，但有些地方刷了漆，呈极浅的蓝色。

2004年4月9日

鞭子是一件结实的工具，其手柄类似于传统的木制冰镐。在坐着的状态下，它也可以被用作制动器。

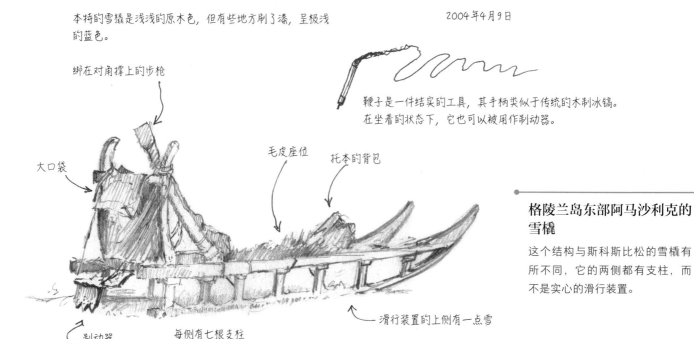

绑在对角撑上的步枪

大口袋

毛皮座位

托本的背包

格陵兰岛东部阿马沙利克的雪橇

这个结构与斯科斯比松的雪橇有所不同，它的两侧都有支柱，而不是实心的滑行装置。

滑行装置的上侧有一点雪

制动器

每侧有七根支柱

我们经过了巨大的冰山，它们身陷于浮冰群之中，直到夏日融雪为止。过了很久，我们才抵达围住我们的高墙南端，以及格拉斯哥岛——那是从结冰的海面上伸出来的一大片红色峭壁。在这个关口，我们停了下来，在海冰上尽情地享用下午茶，并为这一特殊时刻拍照留念。我又画了一幅速写，以此作为庆祝。随后狗儿又精神焕发地往前跑，拉着我们沿海岸线朝南行驶。冰封的崎岖山脉从那里骤然落入海中，不过在一年当中的这个时节，大海自然是不见踪影。我们前往赫格角的猎户小屋。浮冰群上的路途变化多端，有时一马平川，有时持续颠簸，在看似永无止境的雪面波纹上磕磕碰碰。我们偶尔撞上一座雪丘，或是撞进瓷实的冰脊里，几乎要从雪橇上掉下来。在我们右侧，佩德森冰川在阳光下动人地闪耀着，然而要待他日才能去那里寻幽访胜。我们从一座巨大的冰山旁边经过，它在地表赫然耸立，就像《纳尼亚传奇》中的景物。托本的雪橇从它前方驶过冰面，这一景象让它那令人瞩目的规模愈发显得庞大了。

北极的日出：伊萨克和他的狗

伊萨克对他的狗总是很好，他会挨个儿拥抱它们。

69

经历了一番颠簸之后，我们如释重负地抵达赫格角，伸伸腿脚。小屋坐落于一片风蚀地峡，夹在陆地与一座光秃秃的岩石山峰中间。那里实际上有两座小屋，对艺术家而言，较老的那座是更具有审美情趣的题材。"赫格"意为"有野兔"，在接下来的几天里，我们看到许多披着冬毛的北极兔在岩石之间蹦蹦跳跳。我们在更加现代化的那座小屋里安顿下来，它比卡尔克达伦的屋子大得多，但"门厅"里备有同样销魂的开放式厕所。雪橇上的物品被卸下来，狗儿被拴好，茶也泡好了。我从窗内看到伊萨克在四处走动，挨个儿地看他的狗，以慈父般的方式拥抱、轻拍它们。它们积极地回应这个表达爱意的举动。而延斯恰恰相反，他对自己的那些狗横眉冷对。

招待我们的晚饭是北极熊肉排配奇怪的米饭和意面混合物。事实证明，这肉老得像报废的登山靴一样，哪怕上面慷慨地涂着厚厚的番茄酱，也不堪回忆。说到北极熊，我倒想知道，既然延斯把步枪留在室外的雪橇上过夜，那么如果有北极熊敲门，会发生什么呢？

我在五点钟醒来，及时见证了第一缕嫣红的阳光掠过浮冰群的景象。云隙光擦过被困在近海的风蚀冰山。我透过窗户观察它，在吃早饭前涂出一幅简单的水彩画。为了得到盥洗用水和饮用水，我们从离小屋有一段距离的地方挖雪，以免雪被污染，但是这样就得花点时间才能煮

赫格角骤起的风暴

由于气温骤跌，我的手冻麻了，所以我放弃了这张速写。在画好线稿、铺了第一层水彩薄涂层之后，我决定不再继续画完，就这样不管它了。

好水。在缺水的时候，我会使用湿纸巾，然而伟大的格陵兰探险家克努兹·拉斯穆森发誓，改用海象油脂猛力擦身才是正确的盥洗方式。克努兹是一位乐观开朗、鼓舞人心的远征队长，即便在情况急转直下时也会带头唱歌，格陵兰人深深地爱戴他。

在赫格角小屋可以一览科林峡湾彼岸的群山，而且附近就有许多速写题材，无须远行。在阳光下，我设法画出几张水彩画，与此同时托本画了些素描。在为冰形成物画速写时，色彩至关重要，因为正是光线的游戏与冰块中复杂精妙的各种色彩使这个题材如此引人入胜。你凝视物体时，色彩有时似乎发生了变化，迸发出耀眼的生机。它们的差别是这般细微，只在铅笔素描上标注色彩是远远不够的。铅笔和炭笔是出色的速写工具，可它们只能提供形状和影调。当阳光直射在纸上的时候，铺薄涂层是没有问题的；但在阴影中我就得费一番力气，因为薄涂层立马就冻住了。这样通常会制造出迷人的图案和网纹，有时对速写有所提升，但多数情况下它留下的斑点和痕迹会毁掉图像。在气温降至零度以下的时刻，我用水溶性彩色铅笔在干燥的纸上绘出彩色场景，然后拿松软的雪在纸上反复摩擦，以此来调色。这样

经受风暴的洗礼

在暴风雪之夜，哈士奇卧倒在地，雪末打在它们身上，但它们暖暖和和地裹在毛皮里。

冰冻的岩石一样。我试着透过窗户给它们画速写，却困难重重，所以我再次穿戴好所有的户外装备。向导们看到我拿着速写本准备回到室外，都露出不以为然的表情。延斯确信我昏了头。在走廊的背风处我尚能忍受，然而一迈出去，风暴就像一堵砖墙似的砸过来。我退回庇护所，喘过气来，随后迅速溜到拐角处，那里依然位于小屋的背风面，我可以画狗和雪橇的速写了。就算拿一瓶杜松子酒来替代清水，我也怀疑自己能否使用水彩，不过由于几乎没什么可供记录的色彩，我还是理智地设法用铅笔

从瓦埃勒峡湾看到的科尔斯山峰

瓦埃勒峡湾被一圈雄壮的山峰环绕，只在面朝大海的一边有缺口，像主教座堂那样巨大的片状冰山在白雪覆盖的浮冰群中间冻结。

难得高兴一回的延斯

创造出来的图像当然比较粗糙，但我能在它的上面画素描，从而绘制出有价值的彩色速写。

到了夜里晚些时候，我坐在一块石头上画主屋的速写，即便裹着暖和的衣物，还是瑟瑟发抖。画完铅笔稿之后，我站了起来，绕着石头跳了几圈舞，让自己暖暖身子，然后又尝试在线稿上涂水彩。它直接就冻起来了，在这种温度下，就算往水里加杜松子酒也无济于事。风势渐强，吹得雪末横扫地峡。我拼力捕捉狂风席卷雪末的感觉，用手头的任意物品在纸上刮擦。水彩变得没有指望了——我试着铺色，但细雪拍击着纸面，画笔顷刻之间结为坚冰，薄涂液则化作带有暗沉团块的脊状图案。气温突然大幅下降，令我喘不过气来，我的脸被狂乱气流中的上千根针状冰晶刺痛——我兴奋得不愿离开，然而留下又过于危险。暴雪将我凌乱的速写工具掩埋了。我放弃了速写，冲进小屋。不过我依然得到了自己寻觅的图像，只不过它较为粗糙，而且，未完成的画作通常是最好的。

一杯热饮让我恢复了活力。此时风暴正无情地捶打一切，由雪末形成的云雾不时地抹去万物的踪影。狗儿卧在雪中，看起来像荒蛮之地上

作画。雪末令人目眩，冰冷刺骨，汇成涡流在我身边盘旋，多数时间里，我除了狗什么也看不见。我希望附近没有北极熊，因为我几乎得不到预警，除非狗能及时嗅到它们的气味。北风沿着海岸奔袭，赫格角被它的全副蛮力牢牢攫住，在屋内也可以明显感觉到北极风暴的狂怒。在真正恶劣的天气里，旅人会被困上一个星期甚或更久。处于可怕的风暴之中，你连自己的脚都看不清。在埃拉岛（天狼星巡逻队的基地）的海岸上，每栋建筑之间都连着绳索，因为即便离建筑只有很短的距离，人们也会在绝望中迷路。

向导叫我进屋吃晚饭，我寻思着会有怎样的美味佳肴在等着我。当你饿得要命，想吃一顿可口的热饭的时候，伙食倘若与你所期待的落差过大，将会是个沉重的打击。早期的北极探险家经常像爱斯基摩人一样吃生肉，美国探险家伊莱沙·肯特·凯恩曾津津有味地描述这种食物："拿海象肝脏配着一小片海象脂肪吃——这可真是人间至味呀。"我虽无福消受这种生猛的美味，却收获了惊喜。一盘热气腾腾的麝牛肉糜佐土豆泥正等着我，这顿货真价实的美餐让我很快暖和过来。

风暴整夜肆虐，不时地摇撼小屋，连地基都不放过。我们不禁怀疑，小屋在这样的猛攻之下能否幸免于难。到了早晨，风势只是略有减弱，所以我们继续待在屋内。我在给向导们画肖像画。延斯和他那富于野性的神情深深吸引了我。他偶尔晃晃脑袋，让绘

海伍德山的山巅

我爬上桑德巴奇半岛的南麓，想要从高处观看海伍德山的山巅，此时托本还待在海平面的高度。我得到的报偿是真正激动人心的风景——崎岖陡峭的山脉。

David Bellamy

73

制肖像画变成了一项挑战。后来我们在伊托科尔托尔米特遇到了许多人，我才逐渐了解关于他家的悲惨故事。他来自一个有二十四位兄弟姐妹的大家庭，其中有二十一人都过世了。这个数字令我们产生了好奇，当延斯不情不愿地与伊萨克谈起这件事时，我们猜测背后有个残酷的故事。这二十四位兄弟姐妹（其中只有两位是女性）似乎有三位生母。他的一位兄弟自杀了，大家在伊托科尔托尔米特

从雪橇上看到的海伍德山群峰

横跨海冰之上的大片雪面波纹时，我在颠簸的状态下用一种"痉挛戳刺法"画了这张速写。我们试图与风暴竞赛，因此不能停下雪橇画一幅像样的素描。后来我又润饰了这张速写，该过程比较像是把斑斑点点连接起来。

举行了葬礼，然后一家人喝得烂醉如泥。他们当中的多数人在霍普角过活，那是距伊托科尔托尔米特西南部有几千米远的一个小定居点，其中好些人穿越海冰的时候，一场猛烈的风暴降临了。在醉醺醺的状态下，他们没有生还的机会，一下子全军覆没。延斯如今只有一个兄弟和一个姐妹还活着，而他自己在不工作的时候也总是贪杯。作为向导和猎手，他相当专业，对他的狗却过分地严厉。他不得不维持纪律，让狗瞧瞧到底谁说了算，但有时它们对他和他的鞭子怕得要命，逃到九霄云外，于是他就得负责把它们追回来。我很想跟他直接聊天，因为我确信他有许多故事可讲，可我只能向托本提问，由托本把问题转述给伊萨克，伊萨克再去问延斯——这个过程好不繁琐！

伊托科尔托尔米特的风与雪末

我们抵达伊托科尔托尔米特时风暴来袭，在接下来的二十四小时里，我们几乎看不到镇子。

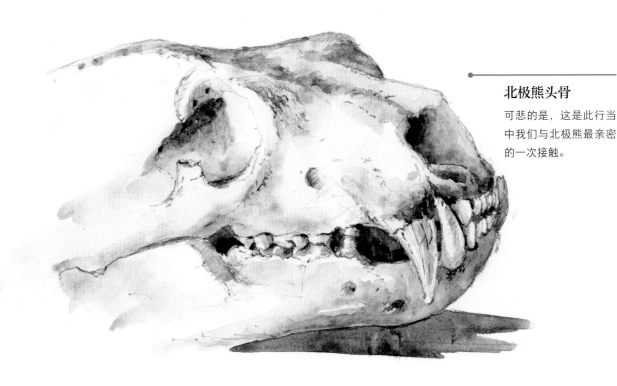

北极熊头骨

可悲的是，这是此行当中我们与北极熊最亲密的一次接触。

在我们起程前往伊托科尔托尔米特的那个上午，延斯看一只狗格外不顺眼，对它动了手。他挥着鞭子，嘴里发出的咒骂听上去像是格陵兰语里最不得体的那种。狗群拽着雪橇蹿了出去。延斯火冒三丈，挥舞着鞭子制止它们，后来栽进深深的雪里。雪橇停了下来，但有一只狗挣脱了缰绳，于是一场追捕绕着地峡展开了。延斯花了些工夫才逮住那只狗，把它一顿好打，又将这可怜的畜生拴回到雪橇上。

我们一上路，就在剧烈颠簸的状态下穿越崎岖不平的科林峡湾。接下来利勒峡湾的地面也是高低不平，数英亩范围内都是凸起的冰脊。震动越来越剧烈，犹如横跨长达数英里的铁路轨道一般。在右侧，海伍德山的峰峦犬牙交错，拔地而起。由于上午与狗上演的闹剧以及其他原因，我们的行程有点赶不上计划，所以我决定在移动的状态下画速写。向导们不愿在夜里赶路，而且担心另一场风暴会在旷野中赶上我们。速写开始变得荒唐可笑，但我打定主意要挑战自我。为简单起见，我用铅笔作画，由于路途颠簸，铅笔偏生不往我设想的方向走。戳刺而成的笔迹遍布纸面，几乎都不在正确的位置上。延斯回头瞥了一眼，他脸上的诧异毋庸置疑地表明，他觉得我的脑子缺了弦。我只能设法戳出短线。我试着渲染引人注目的红色尖峰，它们从陡峭的山坡上露出头来。这就像是在有人对你拳打脚踢时尝试画速写。后来，我将一些戳刺的痕迹转变为令人信服的峭壁，给深色的岩石加了些调子（这同时也抹去了一些杂乱的线条），并从整体上给场景添加更多的形状。结果出乎意料地令人满意。

当地的孩子

孩子们看到你画速写时，常常会围上来。

薄冰

壮美的冰山恰好在冰间湖的边缘嵌进浮冰群,右侧可见刚刚形成的薄冰。我看见初生的冰宛如一层塑料薄膜,随着海潮的涌动而起伏,却没有碎裂。据当地人说,北极熊离此地不远,但它放了我们的鸽子,我只得从别处找一只熊添进画面。

斯科斯比松冰间湖

　　冰间湖是一大片终年不结冰的开阔水域，人们认为它的成因是强烈的海流和从固定方向吹来的风。在托宾角周围的海岸上可以清楚地看到许多热泉，它们必定影响了海水的温度，使它不会结冰。冰间湖让人们能够在冰缘线上捕捉环斑海豹和海象，到了春天还能捕捉独角鲸。伊托科尔托尔米特约有五百五十人，其中多数人依然以狩猎为生。崖海鸦和侏海雀在这里大群聚集繁殖，其他许多鸟种也频频造访此地。北极熊被数量众多的海豹吸引过来。当我们四处游荡寻找北极熊时，水面上海鸟漫天飞舞，可惜北极熊在我们的极地之旅中又一次被错过了。

　　雪橇远征结束后，我和托本在托宾角停留数日，徒步探索部分海岸线。由于积雪很深，走起来费力，我们轮番开辟雪道。我们在一个地方抄了近路，横跨一道被冰雪覆盖的小湾，但很快便发现自己深深陷进雪泥之中。我们背着沉重的背包和步枪，要是陷进危险的冰雪里、沉入深水，可不是闹着玩的，所以我们赶紧掉头，朝坚实的陆地走去。我们遇上了几座热泉，方才意识到这正是产生雪泥的原因。

Photograph by Torben Sorensen

作者坐在冰间湖旁画速写（托本·索伦森摄）

貌似无穷无尽的利勒峡湾终于收窄了，在峡湾的源头，我们爬上横贯维德冰川的一道缓坡。厚重的灰色冰崖立在我们左侧，一层厚厚的新雪从上面纷纷扬扬地撒落。阳光在许许多多的岩架上舞蹈，我真希望有更多的时间来探索这片古老的冰雪奇境。雪橇驶向右手边的冰墙，在这里，积雪覆盖了垂直的截面，为我们提供了一道易于跨越的斜坡。道路变得极其陡峭，于是我们都离开雪橇，在深深的雪中徒步往山坡上爬。几分钟后，穿着充绒的羽绒服爬山的效力显现出来了。我花了些时间才在坡顶赶上雪橇。

延绵不绝的圆形山丘浮现在眼前，看上去冷清而荒芜。我们离开了饶有趣味的嶙峋山峰，开始穿越幅员辽阔而又了无特征的地形。在这里，前进速度似乎更慢了，不过这仅仅是一种感觉。一个咄咄逼人的锋面越过天空，径直来到我们头顶。它像一张硕大无朋的帷幕似的徐徐拉开，想要抹去我们身后的蓝天。荚状云下方悬挂着奇异的纺锤形云幡，在阴云密布的天空的映衬下，它们很是醒目，犹如从外星球而来的飞船舰队。这些云预示着天气将要发生剧变。我试图给它们画速写，不过画得很糟，看上去就像一大群悬停在空中的昆虫。前方笼罩着一层雾霭，太阳透过它有气无力地发着光，令坚实的冰雪微光闪烁——在迫在眉睫的风暴面前，这番景象别具一种鲜活的美。托本和伊萨克在一座山丘的顶部停了下来，我们赶上他们的时候，延斯离开雪橇，手执皮鞭，大步向狗走去。它们突然间朝山下冲去，我都来不及跳下雪橇。延斯又一次口吐污言秽语（我是这么猜的），跟在雪橇后面奔跑，在最后一刻才跳上雪橇。我们飞也似的跑着，兜了一大圈。

托宾角附近宛如浴火的浮冰群

乌金西沉，光线在浮冰上闪烁舞动，制造出迷人的效果。我透过在托宾角停留时所住的屋子的窗户，给这个场景画了速写。不久后，整个地区的浮冰群似乎迅疾地移动起来。这一现象令我们大为惊讶，我们过了一阵子才意识到，这是大量雪末被海冰表面的强风吹动而产生的效果。

David Bellamy

当我们返回托本和伊萨克所在的位置时，延斯停住雪橇。我可不想再跑一圈了，便赶紧跳下来。延斯又一次走向他的那一队狗，可它们再次撒开腿逃之夭夭，发狂般地冲下山坡。延斯就像蒙古大将一样，一边咆哮着发出又一串连珠炮般的谩骂，一边跳回到雪橇上，挥着鞭子在冰冻苔原上横冲直撞。在他绕圈子的时候，我拼命试着给摄像机换电池，却笑得直不起腰来。雪橇消失在远方，带着喉音的诅咒和鞭子的噼啪声也随之减弱。过了一段时间，它又进入我们的视野。延斯在回来之后将雪橇固定住，接着用鞭子收拾那些狗，嘴里还在不停地咆哮着。

我们剩下的路程主要是一段往南走的下坡路。有时我们从坡上呼啸而下，速度快得难以置信。即使空间足够开阔，两架雪橇也曾有一次撞在一

David Bellamy

伊托科尔托尔米特的房屋及雪橇

起，不过幸好没造成什么损伤。斯科斯比松的大冰间湖映入眼帘，浩荡的蓝色湖水被围困在更为宽广的浮冰群中间。在遥远的西南方向是布鲁斯特角形状优美的白色峰峦。没过多久，伊托科尔托尔米特的第一批色彩斑斓的房屋便遥遥出现在我们的下方。进入镇子时，几乎每一只犬科居民都对我们致以热烈的欢迎，人类居民的好客程度则略逊一筹。我们最终战胜了风暴。

沃尔夸特·布恩斯群峰
这幅画捕捉到了黄昏将至时美丽的群山，
以及冰面上的猎手。

跨越北冰洋

北极的斯瓦尔巴群岛有着丰富的野生动植物和雄壮的极地景观，在许多人眼中都是个魅力非凡的去处，即便在对北极不那么感兴趣的人眼中也是如此。它的最北端距离北极点不过 965 千米（600 英里），岛上大部分地区终年覆盖着冰雪。这片土地位于文明的最边缘地带，散布着人类挣扎求生时留下的残迹。斯瓦尔巴群岛是丹麦航海家威廉·巴伦支在 1596 年发现的，当时他正在寻找西北航道。来自欧洲多个国家的捕鲸者接踵而至。俄罗斯的狩猎民族波莫尔人很可能在更早的时候就在狩猎过程中涉足斯瓦尔巴群岛，但他们的最后一批驻地在 19 世纪就被废弃了。

格奥洛吉里格山脚下的夜游

冰河从谢吕尔夫冰川内部的地下河段现身，再一次喃喃低语、熠熠生辉。

随后到来的是挪威的猎户、科学家和热衷于挖矿的公司。他们当中有许多人失败了，不过从此以后，对群岛自然资源的开采便拉开了帷幕。1920 年签订的《斯匹次卑尔根群岛条约》将它划归挪威政府管辖。

那里有充满野性的、绝美的原始山脉和峡湾风光，还有邂逅野生动物的种种可能性，这一切令我像飞蛾扑火般着了魔。然而我很快意识到，要穿越西北区域将会难上加难，而那里正是我对达成梦想目标所抱的期望最高的地方。数量稀少的定居点外围无路可走。我们没法飞往北部荒原；我需要绘制细腻的速写，以及关于野生动物与地形的习作，却没有游轮给我这个机会。我们两人若为这个目标而雇一艘船，费用将高得离谱。最后我决定问问三位曾和我一同参加远征的朋友，请他们加入我和托本的行列。让我快乐的是，他们都立刻热情洋溢地接受了邀请。

我们的主要目标是航向伍德峡湾的穆沙穆纳，它位于斯瓦尔巴群岛最大的岛屿——斯匹次卑尔根岛的北岸。然后我们要在能找到北极熊和其他野生动物的地方扎营，换句话说，就是要深入虎穴了。在一个阴云密布的日子，我们六人飞抵斯瓦尔巴群岛的首府朗伊尔城，一心要探索这片震撼人心的荒野：来自约克郡的托尼·布朗曾与我一同前往安第斯山脉，他喜欢用相机来"速写"，不过他也画过一些有意思的速写；威

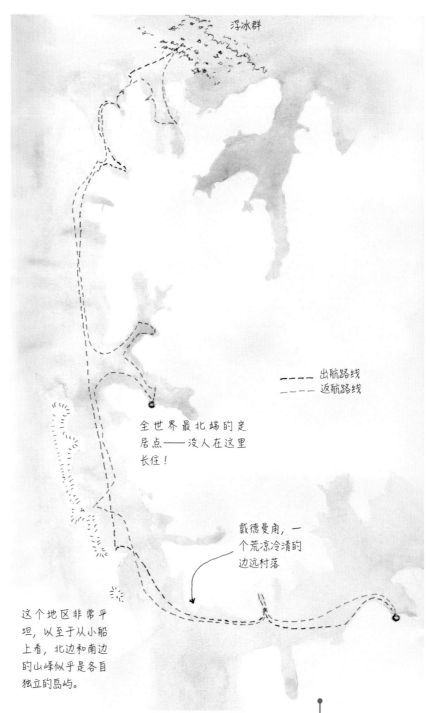

浮冰群

- - - - 出航路线
- - - - 返航路线

全世界最北端的定居点——没人在这里长住！

戴德曼角，一个荒凉冷清的边远村落

这个地区非常平坦，以至于从小船上看，北边和南边的山峰似乎是各自独立的岛屿。

斯匹次卑尔根群岛西北部的概略印象

尔·威廉姆斯博士是研究英国文化遗产的地质学家，他跟我一起做过多次远行，乐于给包罗万象的题材画速写和绘画；罗斯玛丽·黑尔在观察到野生动物时再高兴不过了，她那时也正要开始她自己的艺术职业生涯；她的丈夫理查德虽然不是艺术家，但却被种种可能性深深地吸引着。罗斯玛丽有从医经验，在数次团队旅行中，她的帮助都非常宝贵。托本当然会画速写，不过他像托尼一样，更多地是使用自己的相机而非铅笔。

我们的船是长达15米（59英尺）的"乔纳森号"，这艘游艇装有适用于北极的强化船体。船主马克·范·德·韦格是个蓄须的丹麦大汉，谢天谢地，他拥有一种足堪匹敌我们其余所有人的奇异幽默感。我们往每一个能想到的储物空间都塞了食物、保暖装备和速写本，在发动机的运转下，顺着宽广的冰峡湾航行。醒目的悬崖峭壁沿着南岸垂直地落入海中，令人惊奇不已。天气晴好，我们得以稳步前进。途经特吕格哈姆纳峡湾时，我们在船上度过了舒适的一夜，漂亮的双桅纵帆船"北极光号"在那一晚加入进来。随后我们头顶着阴沉沉的天空，继续向西海岸进发。寒冷的灰色极地海洋看起来一点都不好客，对于我这种并非水手的人而言尤甚，但我还是将精力集中在速写及我们的目标上。由于那一年雪特别大，尽管时值七月，覆雪的山脉和荒凉的海岸线还是给人以隆冬时节的印象。对我来说，这是一项额外的奖励，因为它提升了速写和照片的效果。

当我们进入卡尔王子岛的背风处，海面的起伏明显缓和了，那是离斯匹次卑尔根岛西岸有几英里远的一座狭长岛屿。普尔角是向主岛伸出去的一片沙岬，我们接近这里时，发现了一片海象聚居地，成群的海象正躺在岸上晒太阳。水中的那些海象从宽大的后半身发出嘹亮的声响，以此来迎接我们——即便在露天环境下，这气味也令人作呕。

普尔角的海象聚居地

大多数海象都躺在海滩上，酣然入睡、打嗝放屁，不过也有一些坐直了身子，仿佛正在议论聒噪的旅行者的到来。水里的几头海象有指向性地喷射令人作呕的气味，以示对我们的厌恶之情。当遭到独木舟或小艇的攻击时，海象会硬碰硬地反击，所以早年有很多猎手经历过翻船或沉船事故。

David Bellamy

午休时间：海象组图

海象（Odobenus rosmarus）可真是大善人，它满足于长时间摆出同一个姿势，太阳出来的时候尤其如此，而且它也没有到处蹦蹦跳跳的嗜好。这群海象似乎不介意一群叽叽喳喳的艺术家画它们，于是我们度过了一个写生日。

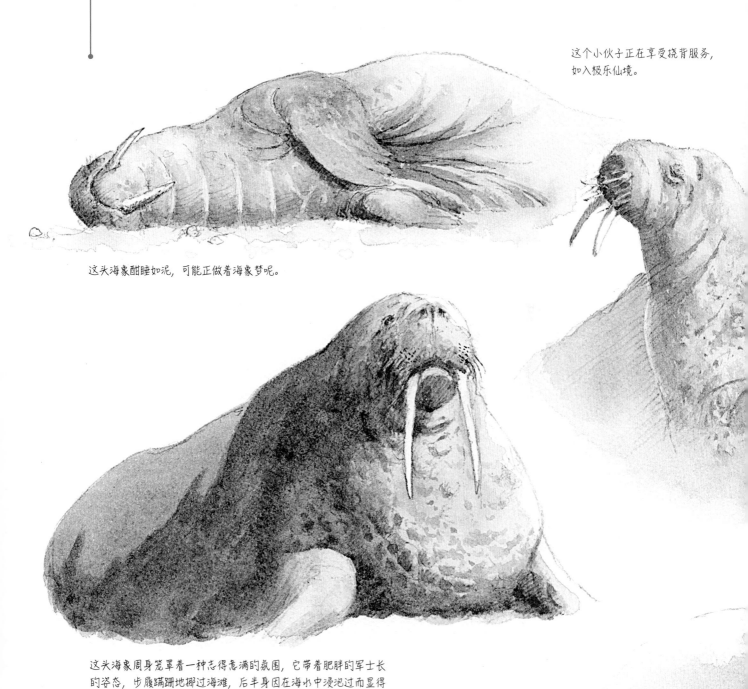

这个小伙子正在享受挠背服务，如入极乐仙境。

这头海象酣睡如泥，可能正做着海象梦呢。

这头海象周身笼罩着一种志得意满的氛围，它带着肥胖的军士长的姿态，步履蹒跚地挪过海滩，后半身因在海水中浸泡过而显得湿漉漉的。

David Bellamy

我们的游艇配有一只泽迪雅克船（一种半硬质的充气船），这种船被用于探索环境复杂、了无遮蔽的地点。我们把它举起来，在远离海象的地方将它放入水中。它们如果不喜欢你，就会对小船群起而攻之，还能轻而易举地用巨大的獠牙将小船撞得粉碎，许多关于早期北极探险的插图和记录都描绘过这种场景。好在我们安然无恙地抵达岸边，仅仅遭到了愤怒地向下俯冲的北极燕鸥的攻击。面对好斗的燕鸥，对策是拿起你的手杖、画架、冰镐、雨伞、10号貂毛水彩画笔或手头的其他任意物品，把它高高举过头顶，这样它们就会愉快地攻击它而不是你的脑袋了。

我们一接近晒太阳的海象，燕鸥就抛下我们，于是我们能够坐在原木上舒舒服服地画速写，这些原木源自西伯利亚北部的森林，是乘着北极海流漂过来的。眼下，大自然慷慨地洒下和煦的阳光，对我们露出微笑。公海象是绝佳的模特，它们通常

会避免蹦来跳去，事实上，它们根本就不去消耗任何能量。它们偶尔会翻个身，打呼放屁，用一种友善的方式戳戳邻居。它们那一圈圈的脂肪犹如涟漪一般，上面覆盖着粗糙的表皮，色彩斑斓。当它们浸过水之后，皮肤在干燥过程中会变色，并且每头海象身上都带有与同类打斗后留下的疤痕图案。不过，这家伙的亮点还在于它那长着髯须的脸、饱经风霜且经常破损的獠牙，以及从心满意足到大惑不解乃至心烦意乱等一系列变化多端的表情。它们对我们的在场似乎不以为意，但我相信其中有一头海象对威尔的胡须饶有兴趣。在素描中，我忍不住将人类的性格渗透到它们身上，而且我真的想起几个在习惯与神情两方面让我联想到海象的人。

我们很清楚见证这一经典的北极场景是何等幸运，所以与海象朋友们共度了很长时间，给各种各样的角色画了几张速写。最后我们再次顶着燕鸥的攻击一路奔跑，回到船上，继续踏上北上的旅程。

这位长者似乎在思考人生。

它俩正在享受日光浴——海象似乎很爱晒太阳。

北极熊

　　北极熊（Ursus maritimus）是世界上最大的陆生捕食者，极其危险，然而它也是最受人们喜爱的动物之一。在斯瓦尔巴群岛，北极熊的数量与日俱增，这主要是受惠于1973年发布的过度狩猎禁令。世界自然基金证实，在世界上的多个种群当中，它们的数量已经恢复到健康水平，然而令人担忧的是浮冰的消融将会怎样影响它们的生活习性。北极熊菜单上的主食是海豹，不过它们也不会拒绝偶然遇到的人类，尤其是在极端饥饿的情况下；因此，在它们的领地里，时刻保持警觉是很重要的。这就是说，要在营地周围布置绊网并连上闪光弹，这么做，一是为了把熊吓跑，二是为了向沉睡的露营者发出警报。

北极熊习作

这头硕大的雄性北极熊在斜坡爬上爬下的时候，提供了一些有趣的姿势，我在这幅画里的目标是用铅笔捕捉动物轻柔的动作，稍后再上色。我看见它在移动时怎样昂起头、四肢如何活动；在这个练习当中，解剖学上的精确性并没有表现动物的动感那么重要。

由于艺术家在专注于风景时特别容易受到攻击，我们雇用了一名向导，在我们绘画时由他来保持警戒。马克总是待在船上"彻底检查发动机"，不过他无疑是在午睡。我们带了几支口径为7.7毫米（0.303英寸）的步枪及膨胀弹，理查德有一支霰弹枪及猎枪弹，此外还有信号枪。

我们最不愿做的事就是朝北极熊射击了——我们只是想把它吓跑而已。只有万不得已的时候，我们才会对它开枪。它身上易受攻击的区域很小，你即便击中了它，也未必能杀死这头巨兽，而且一头受伤的熊将从飙升的肾上腺素中获得力量，从而变得愈发危险。

几乎没有什么捕食者能够猎获北极熊，不过它们在游泳时较为脆弱，会被可怕的格陵兰鲨杀死。我们在新奥勒松得知，这些鲨鱼就在附近的海域，有一条被捕捉到的鲨鱼胃中含有北极熊的肢体，让潜水的科学家们狼狈不堪。根据因纽特人的传说，这些鲨鱼住在海洋和海洋生物女神赛德娜的便壶里，能活四百年以上。

潜行
没有什么事情能与在自然生境中目睹这种标志性的野兽相媲美，尤其是在它这样隆重登场的时刻。

位于比约哈姆纳的古老的猎户小屋

这座小屋现在由斯瓦尔巴群岛的管理者——
斯瓦尔巴总督的员工使用。

"夜晚"降临时（在一年里的这个时节，
斯瓦尔巴群岛正处于极昼之中），天气转阴了。
我们在一片昏暗中航行，于是我早早在自己的
铺位上安歇。凌晨，我被闹钟唤醒时，天气依
然糟糕，周围一片浓雾，不过这倒给人以普通
夜间时刻的感觉。天气在清晨好转了，此时我
们溯流而上，朝比约哈姆纳古老的猎户小屋驶
去，这地方现在由斯瓦尔巴群岛的管理者——
斯瓦尔巴总督的雇员使用。

在接下来的一些天里，我们沐浴着阳光，
在风平浪静的大海上航行，给巍峨的群山画速
写。它们高高耸立在海岸线上，岸边有星罗棋
布、犬牙交错的峡湾。我们在小小的外挪威岛
上登陆，爬上最高峰，挺着下巴摆出勇士的姿
态，对北极点做了义不容辞的观测，那边距离
这里只有965千米（600英里）。现在我们的
路线转向东方，沿着斯匹次卑尔根岛的北岸航
行。此时离我们想要扎营的地点已经不远了，
它在伍德峡湾的穆沙穆纳，我们希望在那里找
几只北极熊来画速写。岛上地势较低的地方，
有许多丹麦捕鲸者的古坟聚集在一条低矮的山
脊线上，由石头构成的线条显示了坟墓的轮
廓。除了冰川以外，整个斯瓦尔巴群岛都被永
久性冻土所覆盖，它会将任何埋在地下的东西

孤独的厕位与破旧的捕鲸船

当你不得不顶着十级大风坐在厕所上，将臀部暴露给自然力量时，
人生是如此艰难。这个厕位是斯瓦尔巴总督车站的管理员使用的。

推上来，这也是管理条例禁止人死后安葬在群岛上的一个原因。

我们通过无线电呼叫马克，他用泽迪雅克船接上我们。不久，"乔纳森号"就朝着东北方向开路了，海面上闪耀着强烈的日光。过了一阵子，我们遇到了浮冰，它们的数量逐渐增多，我们很快就能辨认出前方有一堵白墙，那是一大片破碎的流冰。马克降低速度，让船在冰块之间缓缓移动，其中一些冰块有着奇妙的形状。船体时不时地撞上一块冰，又擦过另一块冰。船长时刻保持警惕，以确保我们不会被移动的大冰块夹在中间，而我们则一直在地平线上搜寻北极熊的身影。流冰变得更厚了，安全的航道开始危险起来，马克最终断定，继续向这片冰雪丛林里挺进已经不安全了，它会轻而易举地把船困住并挤碎的。我们一边往回撤，一边还在寻找熊，可惜运气不佳。我们一起讨论该何去何从。就算有可能前往穆沙穆纳，也

在浮冰上拿姿作态的 髯海豹

耳洞

两颊和下颌的边缘发亮

浅色的腮须

借助望远镜，在摇摆不定的船上所画的细节速写

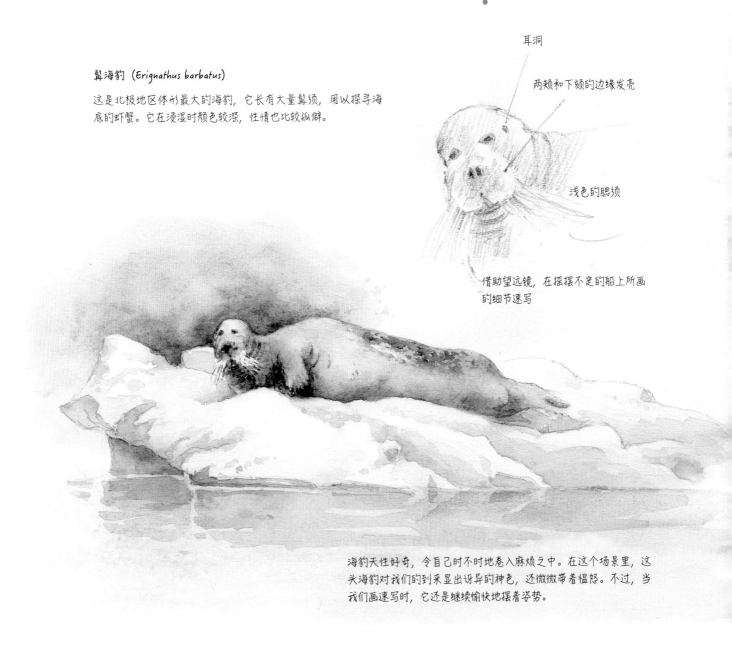

髯海豹（*Erignathus barbatus*）

这是北极地区体形最大的海豹，它长有大量髯须，用以探寻海底的虾蟹。它在浸湿时颜色较深，性情也比较孤僻。

海豹天性好奇，令自己时不时地卷入麻烦之中。在这个场景里，这头海豹对我们的到来显出讶异的神色，还微微带着愠怒。不过，当我们画速写时，它还是继续愉快地摆着姿势。

91

会极度危险，马克自然不想让船冒这个风险。我们即使进入峡湾，也会发现夏天剩下的日子里自己将一直被流冰困在那儿。

我们出发前往附近的勒伊峡湾，同时考虑着新计划。小船平稳流畅地溯峡湾而上，与此同时，右舷外一排秀美的雪峰引得众人惊叹不已，喘息连连。太阳高悬在空中，海水翩翩起舞，流光溢彩，而且几乎没有一丝微风；在这条明珠般的北极峡湾中，我们的旅程变得如梦似幻。缥缈的丝带状云彩飘过宏伟的冰斗冰川，使那势不可挡的庄严感愈发强烈。这种规模程度令人瞠目结舌，有那么一段时间，我们鸦雀无声，只是满怀敬畏地凝视着无与伦比的冰雪奇景如画卷般徐徐展开。这是我在地球上所目睹的最崇高的景观之一，几分钟之内，无法抵达原计划的营地的绝望感，就已经转为如痴如狂的钦慕了。

我们恍惚迷离的状态突然被一声叫喊打破了，一头小须鲸从船首浮出水面，我们全都冲过去观看。有那么一会儿，由于我们试图拍摄鲸群，小船以

阿瓦兹马克冰川
斯匹次卑尔根岛西北部有一列令人印象深刻的冰川，这是其中一座。

与冰块擦肩而过的"北极光号"

有几天的时间，"北极光号"与我们同行。那是一艘漂亮的船，在画面中是绝佳的焦点，雄伟的山脉和冰川景观则构成了辽阔无垠的背景。

惊险的角度来回打转，然而它们却神出鬼没。我的摄影技术挺糟糕的，只捕捉到了模糊不清、泛着涟漪的水面，有时还有破碎的冰块，鲸鱼却全然不见踪影，因此我转而诉诸速写。让我措手不及的是，我手头只有一张地图的背面和一支针管笔，因此就无法产出艺术大作了。在鲸鱼停止表演、我们偃旗息鼓之前，我设法画了一张速写半成品。

群山再次发出召唤，一切又恢复了平静。在我们画速写和拍照片的时候，永志难忘的场景从身边掠过。我们逐渐接近哈密尔顿冰川，它那堵残

破的巨大冰墙由鳞次栉比的冰崖组成，真是天工造化。就在离海岸线不远的地方，一座高达数千英尺的悬崖巍峨耸立。崖海鸦一边在我们头顶的天空中盘旋，一边发出刺耳的叫声。亲鸟在激励幼鸟去飞翔，采取的方式只是将幼鸟推下悬崖而已。有些幼鸟笨拙地拍打翅膀，设法落入海中，而其他的幼鸟则掉在了下方的冻原上。一些小点儿在较为低矮的雪坡上敏捷地移动，双筒望远镜表明它们是北极狐。为了逮住从悬崖上掉下来的小鸟，它们在复杂的地形上迅速行动，大显身手。有七成的小鸟落地后落入了狐狸和北极鸥之口，或者身负重伤。

飞翔的欧绒鸭

　　这番景象让我们从剩下的一个主要目标——北极熊那里分了神。我们原指望沿着支离破碎的北部海岸线前行，却不得不掉头，找到北极熊的机会也随之大大减少。在这次远征中，我们的任务是否又会失败？马克对该话题保持沉默。他曾无数次面对这一情境，对此心知肚明：是不期而遇还是错失良机，全看你能否真的邂逅一头熊。富勒比约登是另一座美丽的峡湾，被轮廓分明的山峰环抱着，当我们平稳地向前航行时，我给它们画了速写。威尔突然大喊道："一头熊！"果不其然，我们透过望远镜首次辨认出了北极熊，它正在横跨一条岩石嶙峋的海岬，背景是一座雄伟的冰川。这标志性的北极场景精彩绝伦，简直不像真的。它似乎是一头年轻的母熊，马克让船靠近一些，这样我们就能大饱眼福了。

看起来有点冷……

啊，我下水了，真不错呀。

我刚爬上来，准备看看这边的情况。

我抖了抖身子……

什么都比不上在雪里打打滚，擦擦背。

我蹭了蹭下巴，把它弄干。

嗯，在逮那些鸟儿之前，不如先打个盹儿吧。

午后海水浴——北极熊组图

这头熊决定游泳前往一座遍布岩石的小岛，我们不知道它是去逮鸟掏蛋，还是只想享受沐浴之乐，这幅图按顺序呈现了它的每一步行动。它的动作稀奇古怪，让大伙儿大吃一惊。

冰川峭壁下的北极熊

斯瓦尔巴群岛的冬季狩猎

　　斯瓦尔巴群岛有许多荒废的"fangsthutte"，也就是猎户小屋，它们是用乘着北极海流漂过来的西伯利亚原木建成的。过去，猎人们（包括一些单身女子在内）会在此过冬，在这些小屋里度过昼夜不分的数月。如今小屋周围依然散落着锈迹斑斑的罐头，那是他们留下的一些补给品。有些人失去了理智。最著名的女猎手是万尼·沃尔斯塔德，她有好几年都在斯瓦尔巴群岛过冬。她是挪威特罗姆瑟人士，出生于1893年，是个神枪手，也是设陷阱捕兽的好手。她还在20世纪20年代开创了城市出租车服务呢。

　　猎人在冬季猎捕狐狸和熊，那时它们的皮毛最好，猎捕海豹则是在春季。夏季捉鸟、捡鸟蛋，秋季的猎

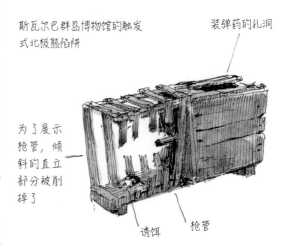

斯瓦尔巴群岛博物馆的触发式北极熊陷阱　　装弹药的扎洞

为了展示枪管，倾斜的直立部分被削掉了

诱饵　　枪管

当熊把自己的脑袋卡进去抓诱饵的时候，它会扯动一条绳索，触发扳机。不幸的是，许多熊仅仅是负了伤，或是慢慢地死去。

北极熊陷阱

物则是松鸡和驯鹿。有一个机关是用来猎杀北极熊的，特别令人厌弃：它是一只木制的箱子，一端敞开，另一端设有一支瞄准对面的步枪。当熊为了抓诱饵而把自己的脑袋卡在里面时，步枪会被一条绳索触发。许多熊没有立即毙命，而是忍受弥留的痛苦；其中有些熊还带着熊崽，后者在饿死前也遭受了巨大的磨难。如果猎人发现小熊崽活着，他们有时会放它们一条生路，但这种陷阱是一门邪恶的营生，使得北极熊的数量大为减少。它终归是不合法的。顺带一提，在斯瓦尔巴群岛，干涉、清理或移动猎户小屋、矿井等地附近的"文化垃圾"（如锈迹斑斑的人造黄油罐头、破锅、碎砖烂瓦），是违法的。

猎户小屋遗址

起初熊看起来相当冷漠。我们的存在根本没有让它徒增烦忧。在没有任何征兆的情况下，它突然动了起来，去追赶海鸥和鸭子，还捡它们的鸟蛋。它摆出许多姿势，任由我们画速写、拍照片，或者仅仅是敬佩不已地凝视这头美丽却致命的野兽。过了一会儿，它像首次穿着比基尼当众现身的害羞姑娘似的环顾四周，随后轻柔地滑进海里，游向下一座岩石小岛，它在那里出水上岸，剧烈地摇摆身子。它翻转身体，跃入雪中，在雪里摩擦胸口和鼻子，像使用毛巾一样用雪把自己的皮毛擦干。它后背着地，四脚朝天，进行着一场壮观的蹬腿表演；冰川和高耸的雪峰组成摄人心魄的背景，映衬着这一切。北极熊仿佛是在为我们演出。它变换着姿势，因此我有许多素描都没有完成。我画了好几页半成品速写。我们都没料到这一幕：自然展现出了它原始质朴的魔力，从美感和突然迸发的野性，到肆意挥洒的动感和岩石上滑稽的追逐，丰富多彩。见证如此美丽而可畏的生灵在这般壮阔的环境中表演一番，的确令人心生谦卑。

北极熊的利爪

孤独的猎户小屋

你可以看到小屋位于飞翔的群鸟的左侧，它在这个了无遮蔽的位置慢慢解体。海滩上散布着原木，它们从俄罗斯北部被北极海流带了下来。

我们花了几个小时的时间观察这头熊，达成了我们远征的最后一个主要目标，然后心情愉快地离开了。很难想象还有什么事物能超越我们目睹的那些精彩场面。

次日，我们在萨里哈姆那附近老旧的捕鲸者小屋登陆，沿着海岸线行进。即便脚下的地形崎岖不平、满是积雪，我们还是很高兴能够伸展双腿。此处的海岸一马平川，向内陆延伸了半英里远，接着便拔地而起，形成一列峻峭的山峰，山上云蒸霞蔚。我们在一座结冰的冰斗湖旁停下来，欣赏厚重的云团。它们被一条看似永无休止的下降风带驱赶着，沿着锯齿状的山峰飞速地翻滚而下，翻转腾挪的水汽汇成了一个巨大而阴沉的涡流，要在速写中捕捉它，将是一项挑战。奇怪的是风一点都没有吹到我们这边来。我们无意中发现一座被猎人用过又荒废了的原木小屋，不禁追想往昔的居住者及其艰苦的生活方式。

从泰辛福耶莱特山而来的下降风

云朵以我前所未见的激烈程度冲下山坡，像某种气旋似的翻滚旋转。这个现象不容易用水彩来表现，但我知难而上，最后画出一张讨喜的大杂烩，上面满是杂乱的斑点。这幅水彩画就是根据它画出来的。

哈密尔顿冰川的
鸟岩

水面上波光粼粼，数以千计的鸟儿绕着左侧的峭壁飞翔，在云层下难以辨识。

乘坐泽迪雅克船登陆

短尾贼鸥允许你在地面上接近它们，前提是它们没有育雏……

起飞——这是画速写的好时机，因为那时它们的速度相当慢。

贼鸥从各式各样的角度展开攻击。这个现象非常奇特，我觉得狐狸不足以抵挡这样果决而有条不紊的袭击。这些鸟的速度与暴力倾向都叫人无从理解。

在布洛姆斯特兰德半岛，北极狐受到了贼鸥的俯冲轰炸。在遭受这对贼鸥的袭击时，狐狸看上去目瞪口呆，但当它离开时它们就停了下来——毫无疑问，它在游荡时离它们的巢太近了。

被贼鸥攻击的北极狐

小狐狸横渡辫状河，但它太靠近贼鸥的巢址了，后者带着复仇的怒火朝它发动攻击。在我们观看的过程中，它们无情地向狐狸俯冲下来，每只鸟的角度都不同。众所周知，短尾贼鸥能啄开人的头骨，因此我们怀疑狐狸在这样的猛攻之下能否幸免于难。过了一会儿，狐狸晕头转向、惊恐不已地撤到溪流对岸，鸟儿便放过了它。

几天之后，天气状况恶化，因此我们有时很难让泽迪雅克船登陆。我们在新奥勒松过夜，这里原先是一个煤矿区定居点，不过自从20世纪60年代起便发展为国际科学研究的场所了，它也是全世界最北端的定居点。我画了几张速写，其中包括一张在恶劣的天气条件下完成的铅笔速写。这张粗糙的速写画的是为翁贝托·诺毕尔的飞艇"诺奇号"所造的栓柱，他在1926年计划让挪威探险家罗纳德·阿蒙森（1872—1928）乘着这艘飞艇飞往北极点。最终他们飞越了北极点，在阿拉斯加着陆。阿蒙森的雕像矗立在新奥勒松。他是最伟大的极地探险家之一；1928年，"意大利号"飞艇在北极坠毁，他驾驶飞机执行救援任务，结果失踪了。他是个面无表情、沉默寡言的大块头男人，有一次，他得到一件因纽特外套，声称若有因纽特内衣他也不会介意。令他吃惊的是，提供外套的因纽特人竟真的把自己的内衣脱了下来，阿蒙森不得不当着这名男子及其妻子的面把内衣换上身。

狂暴的北冰洋

我们向南航行，驶过波涛汹涌的海面，这对于不是水手的人来说犹如噩梦。即便穿了好多层衣服，我们还是感到严寒刺骨。

到了返回南方、前往朗伊尔城的时候了，然而我们一驶出海港，无垠的大海便开始打击我们，猛烈地将我们的小艇抛来抛去。滔天巨浪将船只玩弄于股掌之间。海洋似乎悬在我们头顶，冰冷的灰色海水组成一堵气势汹汹的水墙。气温骤然下降，雪片和雨夹雪越下越急。我们瞥见零星的陆地和冰块，而自己就像汤锅里的豆子似的上下翻滚，此时画速写成了一项挑战。似乎连海鸟都遗弃了我们。我们直接驶进了风暴的中心，船受到了货真价实的锤炼；虽然我们依然保持心情愉快，但还是有一种挥之不去的感觉——风暴中的北冰洋可不是体验翻船事故的好地方！

乘坐泽迪雅克船的三个人

托本、马克船长和挪威向导托尔比约恩正在返回大船。

几个小时的时间里，发动机驱动着我们在风暴中逆风而行。严寒穿透了我那厚重的北极装备。若是下到船舱里去寻找更多的衣物，可能会让我恶心呕吐，因此，在天黑下来的时候，我像其他人一样留在了甲板上。尽管现在的白昼长达二十四小时，感觉还是像北极的黑夜。托本一边体贴地分发巧克力，一边叹息没有丹麦酥来鼓舞士气。下午茶或咖啡是绝对没戏了，即便兼具体操运动员、柔术演员和杂耍表演者的技巧，喝茶也是危险重重，我觉得我们当中没有任何人足堪胜任。似乎过了许久，我们才终于进入卡尔王子岛的背风处，大海平静一些了，足以使我们的航行变得更加轻松。我们现在可以冒险下到甲板下面，而不用担心晕船的绝望感会攫住我们。

光的深渊，特吕格哈姆纳

辫状河从哈里特冰川底下流出来，紫滨鹬在河流中觅食，此时阳光
从一道云隙中倾泻下来。

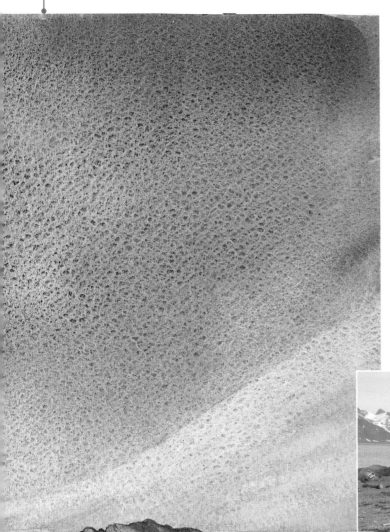

斯瓦尔巴群岛探险队

在这张照片中，团队站在普尔角海岸上的海象栖息
地旁边。从左至右依次是挪威向导托尔比约恩、托
本·索伦森、罗斯玛丽·黑尔、理查德·黑尔、托
尼·布朗、本书作者和威尔·威廉姆斯。

冰冻峡谷

我有一个梦想，那就是出发前往格陵兰岛冰盖，沉浸于这片奇境的寂静与氛围之中，并研究冰的形态特征。在格陵兰岛西部的前美国空军基地康格卢舒瓦克，可以相对容易地实现这个愿望。我曾在斯瓦尔巴群岛的远征中饱览过北极的野生动物，此后又渴望找到难得一见的麝牛，它是一种体形巨大、毛发蓬乱、像北美野牛似的生物，据信栖息在康格卢舒瓦克的周边地区。唉，此次托本无法成行，不过威尔·威廉姆斯再次加入了我的行列——能在作画的同时来点冒险，让他再高兴不过了。

冰雪融水时的范法尔德瀑布

威尔站在峡谷边缘，离我的观察点有一定的距离，突显出这片地域的广袤无际与自然的伟力。

麝牛群十分警惕，它们排成一列，呈防御姿态，朝四面八方张望着。它们站在东方羊胡子草中间，老麝牛鹤立鸡群，比其他麝牛都要高。

康格卢舒瓦克是个乏味的地方，它坐落在康格卢舒瓦克峡湾上游的一条浅沟里，峡湾的长度约为 185 千米（115 英里）。我们造访此地时，沃森河中涨满了七月的冰川融水，水流湍急，涌入峡湾。北方有一片高地，上面散布着数千座小小的湖泊，而南方的多山地区也有大量湖泊。

我和威尔开始骑山地自行车探索附近的区域，搜寻神出鬼没的麝牛；没过多久，我们就看到远处遍地都是麝牛。不幸的是，随身携带的双筒望远镜总显示我们发现的东西不过是巨大的漂砾而已。当你坚信漂砾就是野生动物时，你真的很容易觉得它们正在穿越原野。我们画了速写，登上山丘，骑着车在扁平的灰色大板岩上嬉闹。最佳景致当属远方的冰盖，它白茫茫的，从群峰的空隙间显露出来。不过真正吸引眼球的是低矮的植被，它们呈鲜艳的红色和橙色，为贯穿此次短途旅行的大量彩色速写提供了醒目的前景。

东方羊胡子草中的麝牛

在我画速写的过程中，这群麝牛犹如雕塑般屹立了一段时间。

公麝牛在牛群后面担任警戒

在最大的山谷中，我们的目标之一是范法尔德瀑布，泛滥的冰川融水从那里呼啸而下。我们又一次骑车出发，这回是循着宽阔而布满碎石的路虎车辙往上走，这条路最终会通往冰盖。在某些地方，地面情况良好，然而到处都是货车轧出来的坑洼和大石头，这让骑车兜风变成了受罪，对于没有为骑行做准备的我来说尤其如此。有几辆车超过了我们，上面载着参加冰盖一日游的游客。每次它们经过时都是尘土飞扬，灰尘将我们团团包围，因为这里的气候出人意料的干旱。

大约骑了 1 英里，我摇晃起来——我发现了一些货真价实的麝牛，它们不是漂砾，正在河对岸低矮的柳树之间移动。在着手画线稿之前，我花了些时间研究它们。画野生动物速写需要极度的耐心，这次也不例外。尽管这些兽类有着野牛般的体格，但在柳树中间却看不太清楚，而且它们卧下之后就完全消失了。我从自己看得到的东西开始画起——一点黑色的皮毛、一根牛角的末端——然后等啊等啊，盼望它再露出一点来。一头麝牛的后背出现了，于是我把它嵌进速写里，使它看上去属于同一只动物，同时祈愿中间的一小部分在速写成品中能够匹配。

转瞬即逝的光彩，伊斯兰兹达伦

鲜花和草木色彩缤纷，赏心悦目，对于要寻找色彩来装点原本朴素的场景的艺术家而言尤甚。如此纤丽之美却在这般严酷的地方幸存，委实令人惊讶。

拉塞尔冰川与湖泊

画面太绿，要归因于我是在帐篷里完成了这张速写——帐
篷将绿色的光线投到了所有东西上面。

我不得不通过双筒望远镜观察它们，这就增加了成倍的困难。绘画过程又因如下情况而愈发复杂：有些麝牛正在脱毛，状似戴着捉襟见肘的假发；而且脱毛的地方比身子的颜色浅得多，从远处就更难辨认了。我们只得等它们从缝隙中现身，再煞费苦心地设法将它们画下来。我把望远镜固定在三脚架上，监视它们便容易一些，不过前后费了不少力气。最终画出来的速写都支离破碎的。这些动物走进柳树林，越来越远，终于从我们的视野里消失了。

我们继续沿着车辙前进，然后转入一条更怡人的小径，这条路在大部分时间里都覆盖着令人愉快的苔藓。威尔打头阵，他在缓缓的下坡路段中陶醉不已，而此时自行车毫无征兆地急刹车了，他从车把手上方翻了过去，幸好落在了一小片植被里。这段经历看起来并未影响他的兴致，不久我们就重新回到河边。

此处岩石更多，没过多久，我们就遇上一道荒凉的峡谷，河流在这里达到了最大的宽度。我们丢下自行车，因为障碍物很多，而且道路在有些地方仅有几英寸宽，还危险地悬在高达 18 米（60英尺）的绝壁之上。前方便是我们从老远就看到的最高峰。我们继续徒步，沿着峡谷的边坡攀爬，灰色的冰川水在我们脚下狂暴地翻滚咆哮。我只在秘鲁的乌鲁班巴河见过这样的激流。河水受到大裂谷边坡的挤压，再次变得蜿蜒曲折。水流撞上岩石时，向空中溅起高高的浪花。

巨大的板岩险峻地斜插在大漩涡上方，我们爬了上去，瀑布随之映入眼帘。整个场景犹如一位巨人的运动场：无穷无尽的灰色冰川水从瀑布倾泻而下，腾起阵阵水雾；杂乱无章的岩石和奔涌的流水之间，一道淡淡的彩虹从水沫中升起。在更高更远的地方，峻峭的山峰显露出一条山脊线，形成一道迷人的远景——这是与北欧神话传说相称的布景。

冰上的帐篷

冰盖夕照

我用水溶性彩色铅笔画了这幅画，然后在帐篷里用画笔在画面上刷了水。

对页图

冰盖上的冰臼

我们发现了几个冰臼，其表面融化的水流从这里注入冰盖内部。

David Bellamy

格陵兰岛的冰盖

格陵兰岛的内陆冰几乎全都是由冰川冰构成的，它是在积雪的重量下压缩而成，而非经冰冻形成。在其中心部分的最深处，冰盖的厚度超过了3千米（1.75英里）。冰盖的多数地方都一马平川或平缓起伏，然而危险的冰裂隙也会形成深深的沟壑，它们在溢出冰川的边缘地带骤然下降。这些冰裂隙通常平行分布，但在某些地方冰是支离破碎的，以至于还有呈90度角分布的冰裂隙，它们构成了双脚、雪橇和滑雪板都无法穿越的屏障。在夏季的温度下，冰川融水形成了湖泊、小溪与河流，经过这些地方的时候需要万分小心，而且在你后撤时，它们也有可能切断你的路线。融水湖泊会突然干涸，水溜进冰盖，消失得无影无踪。倘若你在快速流动的融水河流中跌倒，那么你几乎不可能重新站起来，而是会被抛进深沟或冰臼之中，落入冰盖深处。

由于穿越冰盖危险重重，远征时不论是使用狗拉雪橇、滑雪板还是雪地滑翔伞，都要遵循严格的规定。首个穿越格陵兰岛冰盖的人是弗里乔夫·南森，时间为1888年。他带了一个速写本和一些素描工具，完成了许多速写。2008年，三位挪威女性——英格丽德·朗达尔、萨斯基亚·博尔丁和西耶·哈兰从南部的纳沙克出发，一直走到北部的麦科米克峡湾，这段旅程长达2300千米（1429英里），耗时三十三天。她们自称是"乘风探险的姑娘"，用轻帆和滑雪板来拖船形雪橇（补给雪橇），有一天，她们神奇地走了313千米（195英里）。

格陵兰人则会巧妙地避开冰盖。

冰川水塘 —————

—————

格陵兰岛冰盖上的冰川溪流
当太阳将冰融化时，这些溪流会在夏日里越来越宽阔。

带着船形雪橇穿越冰盖
金正在拉雪橇，跟在后面的人是威尔·威廉姆斯。

David Bellamy

像这样的地方是难以用颜料来表现的，而且它们似乎会将自己的意志强加于你。你无法提升画面，也很难画得正确。为了纵览整个场景，我们坐在远一些的地方，享受着北极温暖的阳光。过了一段时间，威尔走到下面，想从近处进行观察；这让我有机会将他画进画面，为这令人敬畏的地点提供一种尺度感。唉，就在我设法给他拍照和画速写的时候，他一如既往地弯着腰，在北极的美色中间流连忘返——这个地区有许多迷人的花朵正在怒放。我一边大叫，一边挥手，想要吸引他的注意力，但我的叫喊声被激流的轰鸣给淹没了。他似乎无意像黄金时代的北极探险队长那样摆出更加英勇的姿态，真是可惜呀。

　　回到机场之后，我们和一家专做本地短程探险业务的公司一起为冰盖之旅做准备。他们会用一辆旅行巴士将我们送上冰盖，然后他们的首席向导金·彼得森将和我们一起在广阔的冰原上走一段距离，向我们展示一些可以画速写的有趣地貌。

在冰盖上画冰臼的速写

威尔·威廉姆斯摄

David Bellamy

冰谷内部

峡谷切入冰盖，我们将冰爪凿进虚幻地面上方的边坡，努力地前行。在这摄人心魄的冰冻世界里，地面的厚度和透明度似乎变化万千。

格陵兰岛冰盖边缘的形态丰富多样。我们从 660 点登上冰盖，有许多穿越冰盖的探险就是从这里出发或结束的。在南边，拉塞尔冰川陡然下降，巨大的冰塔覆盖了山谷上方的大部分区域。我对这些壮丽的场景做了记录，以便在回程中找到它们。一站到冰上，我们就绑上冰爪，金的同伴——戴恩和延斯与我们同行，我们背着鼓鼓囊囊的背包出发了，金还拖着一架船形雪橇。在这个地点，冰盖缓缓起伏，大部分表面都覆盖着脏兮兮的黑色沉积物。

我们很快抵达一条小溪，它顺着一道冰槽越流越窄，然后极速落入一个面目狰狞的窟窿，跌入冰下幽暗的深处。我不时地停下来画速写，这条溪流提供了最具趣味性的构图。冰脊横亘在我们的路上，让我们有幸目睹冰盖如同大海一般在面前展开。云影与耀眼的白色雪地彼此相间，冰盖犹如沙漠中的沙丘一样波浪起伏。这片沉郁的美景在我们眼前铺展开来，延绵上千英里。

伊卢利萨特冰峡湾

　　伊卢利萨特是格陵兰岛最壮观的冰峡湾，在峡湾入口处，连绵不绝的冰山被一道冰碛浅滩围住。多数冰山只是巨大的冰块而已，而另一些则以鬼斧神工的外形著称。这些形状经过了强烈日光的雕琢，而薄雾能够创造出神秘而动人的效果，从船上观看时尤其如此。峡湾口的冰碛浅滩深度仅有200—225米（656—738英尺），然而峡湾中心的深度据估计约有1千米（3280英尺）。冰山是由于溢出冰川进入峡湾时产生的裂冰作用而形成的，然后用了大约十二至十五个月的时间，从冰川鼻漂向峡湾口。2003年，一座漂浮在峡湾上的14千米（8.5英里）长的巨大冰川截面破碎了。即便是在一座冰川的内部，移动速度也各不相同，在最近二十年的夏季，这座冰川的每日移动速度从20米变为40米（65英尺到131英尺），增长了一倍。

冰城堡

伊卢利萨特冰峡湾的冰雪建筑有各式各样的外形，其中有一些简直不可思议。早期的探险家兼艺术家带着奇妙的素描归来，这些素描所绘的冰山似乎令人难以置信，但实际上即便是最天马行空的图像也与实景相差不远。

冰峡湾上的管鼻鹱

我们徒步前进。冰盖上气温较低，在没有直射阳光的时候画速写，无疑很冷。我们跨过几条溪流，每逢遇到一个冰臼——垂直于冰层的洞窟——就忍不住要画速写。为了捕捉冰与水中的微妙色彩，多数速写是用水彩画的，但在需要加快速度时，我就只在铅笔素描上记一些关于色彩的笔记，准备当晚在帐篷里再上色。

在这个地带戴着冰爪行走，需要注意力高度集中，因为太容易摔跤了。在坚如磐石的冰上，为了确保牢牢抓住地面，你得将靴子使劲地砸下去，这样往往会震到膝盖。我们爬上冰脊，对将会在另一边发现什么一无所知。有几次我们登上高处，发现脚下壁立千仞，一个冰臼张开了骇人的裂口。

在冰山之间

118

伊卢利萨特港内的渔船

我们来到一条小溪旁的平坦区域，在这里竖起了圆顶帐篷；对于我们四个人来说，帐篷十分宽敞。在周围冰天雪地的映衬之下，它那橙色的外壳犹如外星飞船一般醒目。

金建议我们探索附近一些有意思的地貌，于是我们用过茶点之后再次出发，这回是轻装上阵。过了一段时间，我们爬上一座陡峭的山脊，在山的另一侧，戏剧化的场景多了起来。又有一条溪流跌入凶神恶煞的冰隙，在更远的地方则耸立着高高的冰崖。我们停下来画速写，但威尔失手丢掉了盛水容器，它滑进裂缝里，消失在深不可测的冰下。

速写画好之后，我们绕过一大块冰，站在了一条冰谷的入口处，它体量巨大，令人想起某种北欧冰怪的巢穴。我们走进洞口，一整块巨大的冰构成了弧形屋顶，悬在我们头上。浅蓝色的边坡是经流水冲刷而成的扇形地貌，而谷底看起来不甚牢靠。在不那么透明的冰之间，峡谷底部的冰到处都是透明的——那是一组优美的蓝色，显露出了下方的深渊。这可能是新成冰，我可不想以身试险，因此，在这条冷艳的峡谷中移动时，我们将冰爪结结实实地踩进低处冰墙的边坡，跨过不可信赖的冰面。冰水汇聚成池塘，横在路中间，四处潜藏着张口的裂缝。在某些地方，峡谷宽阔得难以跨越，所以我们小心翼翼地绕过一切看似会崩塌的地方，试探了好多次。此地逶迤曲折，每个转角都有出人意料的蛇曲地貌。另一个危险就是易碎的冰，我的滑雪杖一戳，它便四分五裂了，为了避险，我不得不做了些像体操一样精细复杂的动作。

接下来，我们面对的是一座如水晶般澄澈的深潭，它让我们产生不祥的预感：我们不应该去招惹它。峡谷的边坡在这里垂直下降，我们又画了一次速写，随后便循着折返路线，离开这引人入胜却潜伏着致命危险的冰盖罅隙。

我们继续在周边探索，直到返回帐篷的时间来临。我们用盛水容器从小溪里打水，因为我们知道，夜幕降临时这条溪会结冰，而到了早晨，我们将急需一杯热饮。就在晚饭前，我给壮丽的落日画了速写，它为冰坡镀上了金色和粉色；这神奇的一幕为精彩的一天画上了句号。然而在帐篷里还有许多工作要做，要给一些速写上色、做笔记、写日志。我很想要加厚的睡席，因为坚硬寒冷的冰面实在算不得是顶级奢华的床铺，就连清水混凝土都比它舒服。

清晨带来一种阴沉寒冷的氛围，多数冰面都带上了令人生畏的灰色调。享用过丰盛的谷物早餐之后，我们朝着冰盖内陆走。天色依然昏暗，只有一次，太阳洒下了光斑。在远方，一股股云雾从冰面上升起，丝丝缕缕地悬在空中，打破了单调无味的冰原景观。

一条宽阔的冰川溪流从冬眠中苏醒，我和威尔给它画速写，金则在远处做模特，在这荒无人烟的场景中，这个形象格格不入。在冰盖上画瀑布会遇到特殊的难题：因为缺少能够和白色水流形成对比的深色岩石或植物，所以我们只能用白色来衬托白色了。在陡坡上画速写时，我坐在一块塑料泡沫垫上，将自己和重要装备固定在一根嵌进冰里的螺旋冰锥上，以确保自己不会滑落到忘川之中。在这万籁俱寂的冰冻荒原上工作时，我们有一种深深的松弛感。

我们沿着冰脊顶部行走，将一切尽收眼底，这时地面状况变好了，不过能看到的绝大部分景观只是忽上忽下的冰坡而已。这些场景通常空无一物，只带有一点特征；将人物形象纳入画面，有助于体现尺度感，两个丹麦人乐意担任这个角色。过了一段时间，金发现，一些高得令人晕眩的冰崖围成了一个半圆形，其下方有个巨大的冰臼，冰臼对岸的一片区域似乎还算稳固，我们可以从那边观看巨大的洞窟并画速写。这个洞宽得足以容纳一辆双层巴士，跌落的流水发出雷鸣般的冲击声，加深了我们的敬畏之情。这庄严的场景需要用跨页的水彩速写来表现。在这里看不到一丝红色，我却用红色污点把速写搞得一团糟。也许我脑子里在想着巴士吧。要想

站在大冰臼边缘的威尔·威廉姆斯

看到整个场景是不可能的，因此我们只得移到新的位置，以便将更多细节囊括进来。

冰盖上的日子过得飞快，我尽可能地多画速写，因为冰是绝妙的绘画题材，而且即便在阴天，光线也是千变万化，创造出全新的色调图案。乌云强化了戏剧性，只要云层中闪现的一丝阳光射向下方的冰块，就能让整个场景大为改观。

威尔·威廉姆斯摄

伊斯兰兹达伦的麝牛
它们那硕大的眼睛似乎能将你看穿。

122

峡谷上方的冰块
这张水彩小速写展示了我们穿越冰谷时的前进方法。

　　我们离开冰盖后，金和延斯返回康格卢舒瓦克，我和威尔则在附近逗留，想要重新寻找麝牛。我们徒步进入伊斯兰兹达伦山谷，给一座冰川湖画了速写，接着赶在下雨前搭起了帐篷。这里没有溪流的踪迹，河里又堆满了冰川沉积物，因此我们不得不在湖边扎营。夜里我们睡在松软而有弹性的苔藓上，这真是无上的幸福啊。我回顾在冰盖上度过的时光，深感雇用向导是多么明智，因为单凭自己，我们几乎不可能找到壮丽的峡谷和最大的冰臼。现在我们可以花几天时间寻找其他题材了。

　　一天早晨，威尔神神秘秘地唤醒了我："大卫，快出来——我们周围都是麝牛！"

　　我摇摇晃晃地爬出帐篷，果然看见200米（658英尺）开外有一群麝牛。它们绕过了我们的帐篷，可真是万幸。我抓着相机、望远镜和速写装备尾随这群麝牛，小心翼翼地保持着距离。它们慢吞吞地边走边吃草。有一头大公牛站在队伍后方，它充满警觉，一只亮晶晶的眼睛来回扫视着。后面还有一头幼崽，让情况变得更加危险了。麝牛不喜欢人类（想到康格卢舒瓦克机场餐厅里麝牛肉汉堡的数量，这一点也不奇怪），而且它们是戒备心很重的兽类，因此我们必须小心谨慎。我检查了风向，幸好我是在麝牛群的下风处——考虑到我在外多日、与世隔绝，没有洗过澡，风向就更加重要了。我怀疑自己跑不过麝牛，所以唯一可期待的逃跑路线就是飞跃附近的一座悬崖，一头扎进下面的大湖里。这真是再好不过了，但我年近古稀，早已过了崇尚体育竞技的年龄。小时候，我经常被一头威尔士黑牛追赶，不得不往树上爬，可是这里树的高度不超过90厘米（3英尺），一只怀孕的蚱蜢就能把它们压弯。我躲在一块漂砾后面，一边画速写，一边盼望威尔也同样低

调行事。

为了画一群野牛的速写，美国艺术家乔治·卡特林（1796—1872）曾大胆地用一张狼皮裹身，匍匐前进。在清晨微弱的光线下，我拍的照片糟糕透顶，但我还是花时间画了些看得过眼的素描。即使是移动缓慢的动物也会给户外艺术家提出难题，当这些兽类转过身去，我便将画了半截的图弃置一旁，另起炉灶。如果动物又摆回原先的姿势，我便把放弃的素描重新捡起来。我们花了很长时间跟踪麝牛群，最后终于返回帐篷，享用早餐。

我们从容不迫地将帐篷和装备打包，然后向山谷里游荡。我们左侧是一层层源自冰盖的冰，当我们沿着宽阔的道路向康格卢舒瓦克的方向走时，观之可亲的绿色山丘从右侧浮现。在往谷底走的路上，一条冰川河伴随

迪斯科湾的暮光

着我们，我发现河上有一道风景如画的瀑布，于是我们停下来给它画速写。这条河蕴藏着更多美景，于是我们顺流而下，到了它高高涨起、冲刷冰川上方巨大冰崖的地方。我们又一次停下来画速写，还吃了午餐，不久就有一群加拿大雁来跟我们做伴。它们在水面上降落，制造了一个饶有趣味的焦点，因此我们又画了更多的速写。

威尔如鱼得水，查看着河边五彩缤纷的绿植与鲜花。在河对岸光秃秃的冰崖的映衬下，它们创造出扣人心弦的斑斓色彩。天空中偶尔飘起细雨，但阵雨不足为道，它们只在你画水彩薄涂层时有点恼人。

* * *

倘若没有造访著名的伊卢利萨特冰峡湾，我们是不会离开格陵兰岛的这个地区的。这座峡湾里产生了全世界最大的一些冰山，因此我们向北飞行，抵达伊卢利萨特。它是该地第三大城镇，也是格陵兰探险家克努兹·拉斯穆森的出生地。我们待在迪斯科湾石滩上的一座小屋里，在这个位置，我可以画几个迷人的场景。

清晨，我们吃过早饭就径直出发，以短程徒步的方式前往冰峡湾上游。冰山拔地而起，高度超过了91米（300英尺）。有的宛若寸草不生的山岭，溪流从悬崖上的豁口倾泻而下；有的经自然之力雕凿，幻化为耀眼的巴洛克式美景，附带着尖顶、尖塔、洞窟和拱桥。它们熠熠生辉，光线舞动跳跃，在冰上投下阴影和细腻微妙的反射色。宏伟的冰崖下面是波澜不惊的幽暗水域，一串串碎裂的流冰划破了倒影，创造出一幅繁复的杰作。面前的景象美不胜收、广袤无垠，将感官彻底征服，我们欣赏了一番才着手画速写。据称，在1912年将"泰坦尼克号"撞沉的冰山，就是从此地开始漂流的。峡湾那遍布岩石的海岸线提供了完美的冰山观景台，在这个邻近塞默米尤特的地点，较大的冰山被沉积在峡湾入口处的冰碛给困住了，直至融化缩小才得以通过，或在后方冰山的压力下从中挤过去。

我们在海岸上的行进速度慢得难以置信，因为题材纷至沓来。午后太阳开始西斜，许多冰山看似灰色的剪影，犹如一支奇异的舰队。我们经过一座小型峡谷，沿着环形路线返回镇上。在峡谷里我们看到了奇怪的一幕：有两个当地人正在寻找一只失踪的鹦鹉！我们带着在这一天里画的一包令人满意的速写，在一家好客的小餐馆里开心地跌坐下来，看着格陵兰人自顾自地忙碌。

残碎冰山上的鸥

激流

从伊加利库到卡科尔托克的徒步旅行只是小菜一碟，只需在崎岖的地面走上大约 60 千米（37 英里），轻松地漫步四至五天——至少旅行指南上是这么建议的。七月的天气应该是最好的，因此我们在这个时节乘汽艇抵达伊加利库附近的码头。伊加利库位于格陵兰岛南部，在纳萨尔苏瓦克机场南边约 48 千米（30 英里）处，是一个氛围亲切的小定居点。在这趟新的旅程中，托本·索伦森再次与我同行，我们在伊加利库旅馆入住，又做了一番小小的探索。

第二天是星期日，教堂里要举行一场洗礼，于是我们便游荡过去。我和托本在后排的靠背长凳上坐下，尽量保持低调。一个巴伐利亚的剧组也住在旅馆里，他们非常高调地在前排落座，还带着惹眼的摄像机和设备。因纽特家庭带着小延斯来了，他即将受洗。不巧的是，天气太恶劣了，牧师没法乘直升机从卡科尔托克过来，所以一位本地的平信徒宣教士代为主持仪式。这个可怜的家伙跑出教堂，在暴雨里敲了几分钟的钟，浑身淋了个透，然后返回室内弹奏管风琴、领唱、用格陵兰语主持仪式。我唯一能听懂的词就是"阿门"。

仪式开始了。我们怀着对天气的同情站起身来，以最凄凉和不成调的方式唱起一首赞美诗，歌曲的拍子被长得出奇的格陵兰词汇拖得极慢。我们又坐下了。我已经习惯了兰德维圣大卫教堂那结实的靠背长凳，便泰然自若地一屁股坐下，却发现自己向后栽了过去，声音响亮地摔倒在地，把所有的会众都吓了一跳。长凳重心不稳，而且没有固定在地板上。幸好巴伐利亚人将摄像机对准了另一个方向。实际上，他们顽固地将焦点对准延斯，还把他们的长枪短炮戳到了他的小脸上，直到宣教士故意挡开他们才作罢。他带着西班牙斗牛士的优雅，在接下来的几分钟内不仅主持仪式、弹奏管风琴，而且敏捷地替小延斯挡住了巴伐利亚人的聚光灯。

到了星期一早晨，我们开始徒步，顺着一条宽阔的道路爬上伊加利库周边陡峭的山坡。低矮的云彩为我们遮阳，对于背着巨大的背包行走的人来说，这再好不过，但对于画速写来说就没那么好了。埃里克斯峡湾的两岸景色优美，偶尔有冷白色的冰山反衬着幽暗的悬崖峭壁。道路渐渐消失，不过我们在崎岖的地形上走得很顺利。四处都能遇见用红色油漆涂出来的色斑，它们起着指示路线的作用，但只是偶尔出现，很容易错过。它们最终完全消

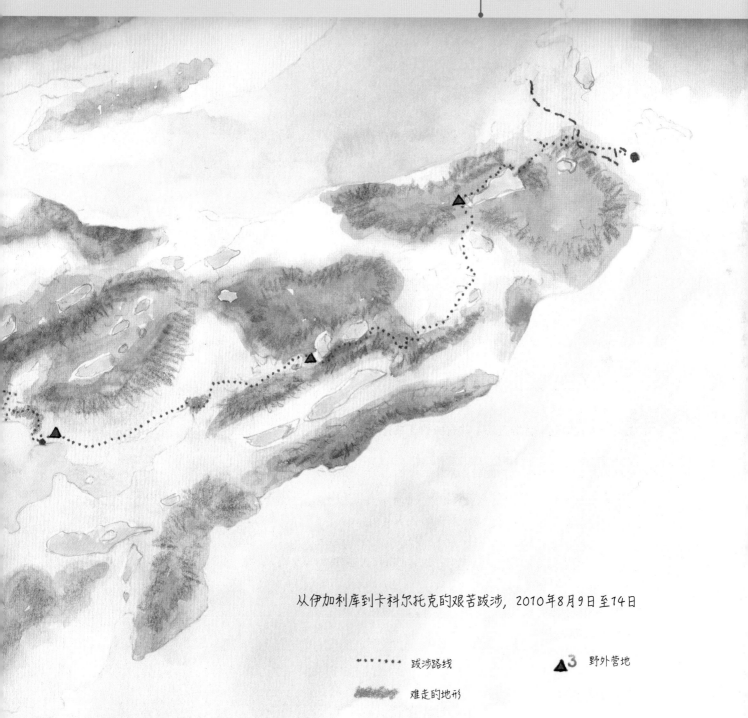

从伊加利库到卡科尔托克的艰苦跋涉，2010年8月9日至14日

······· 跋涉路线　　　▲3 野外营地

▬▬▬ 难走的地形

阻断我们去路的激流

我们遇到了这个阻挡进程的强大屏障，不禁想知道自己是否真能过去。

失了，我们面对的是成片的矮柳构成的炼狱，它们盖住了漂砾、洞穴和令人不快的团块状地貌，不过靠地图和罗盘来导航是没有问题的。我们循着一条沿山坡往下流淌的小溪走，登顶之后，看见 400 号湖泊展现在眼前。我们当天的目标是在湖对岸扎营。

开始下雨了，在准备扎营时，这种持续的降雨实在令人讨厌，但它与这次徒步到目前为止每况愈下的状况倒是一脉相承。更糟的还在后头。我们需要在湖泊出口处渡河，这里又宽又浅。我卷起裤腿蹚了过去，平平安安地到了对岸。现在轮到托本了，然而他在半途中打了个趔趄，将靴子掉进水里。就在他伸手抓靴子的时候，他的水壶又掉了进去。它欢欢喜喜地漂向下游，不过我设法抓住了它。托本终于过了河。这座湖长约 3 千米（2 英里），走到对岸似乎花了很久的时间。我们满怀庆幸地丢下湿漉漉的背包，在热情洋溢的瓢泼大雨中搭起帐篷。我们的身上湿透了，脚又酸又痛，不过总算到了日程表上的第一个目的地。

410号湖泊

画这幅水彩速写时，落日余晖正在水面上闪烁，云层开始遮盖麦库图卡特·卡卡阿的上坡。我们即将感受长达三天的格陵兰岛雨季的熏陶。

冰盖上方的夜空

速写及绘画工具

　　次日，我朝帐篷外张望，看见了清晨的阳光，低矮的云彩汇聚在群山之间，呈细长的丝带状。尽管托本在离我的帐篷足有 2 米远的地方搭起自己的帐篷，但由于我鼾声如雷，他还是度过了一个不眠之夜。我在湖畔享用早餐时还画了一张速写，因为湖水波光激滟，整个世界洋溢着幸福。在一个阳光明媚的早晨，坐在依山傍水的帐篷旁，远离城市的喧嚣——没有什么比这更好了。唉，可惜很快就得面对现实了：我们不得不穿上潮湿的袜子和裤子，这可不是什么振奋人心的经历；但是过了一会儿，寒冷的湿气就蒸发了。

格陵兰岛的维京人

一千多年前，红发埃里克抵达格陵兰岛南部的布拉特合立德，这个地方如今叫作卡西阿舒克，位于埃里克斯峡湾，与纳萨尔苏瓦克机场隔岸相对。他在冰岛陷入一场纠纷，随后决定离开。他带了二十五条船出海，但只有十四条船抵达布拉特合立德。当时这片土地绿草茵茵，植被茂盛，于是他将这座新发现的岛屿命名为"绿色的土地"，以期将其他人吸引过来。我和托本在造访布拉特合立德的时候遇到了埃达·吕贝斯，她是一位冰岛萨迦表演者，打扮得仿佛她本人就是直接从萨迦里走出来似的。她站在复建遗址的一个至高点上，好向听众们演说 —— 听众包括六个丹麦人、两个德国人，还有我。她以不可思议的激情讲述了埃里克的故事。

"红发埃里克是所有维京人当中最肆无忌惮的一个人，"她如此开场，并用19世纪威尔士浸信会牧师的那种热情洋溢的强调方式，让"r"在舌尖上打着滚，"人们为他那鲁莽的性情担惊受怕。而埃里克只怕一个人，那就是他的妻子谢德希尔德。她意志坚定，能把他管得服服帖帖，还给他生了三个儿子。没人能支使谢德希尔德，就连埃里克都不行。

"在布拉特合立德度过了十四年后，埃里克把自己的儿子莱夫送到了挪威国王奥拉夫一世的宫廷，国王在那里向莱夫和其他人宣扬基督教。莱夫·埃里克松受了洗，又被送回格陵兰岛，与之同行的还有神职人员，他们想让民众皈依基督教。埃里克对此并不领情，他对神职人员拒而不见，实际上他对他们怀有敌意。谢德希尔德立刻接受了新的宗教信仰，在布拉特合立德建起了一座教堂。埃里克大发雷霆，特别是在她拒绝与他同床，直到他受洗为止的时候。这就是可怕的红发埃里克屈从于他的女人及基督教的故事。"

埃达派头十足地讲述着故事，经常戏剧性地停顿片刻。我们乘坐传统格陵兰渔船"普图特号"离开时，她在码头上向我们挥手道别，还热情地唱着歌，无疑是在祈求北欧诸神庇佑我们安全渡过峡湾。

我们在晨间朝下走去，一边享受着阳光与美景，一边跨越了一道宽阔的峡谷和两条河流，随后开始在崎岖不平的地面上攀爬一座坡度很缓的山谷。起初我们爬过一大片布满漂砾的旷野，登上一条山脊。410号湖泊就在下面闪烁，这地方如田园牧歌一般，适合下午茶和速写。我们没有意识到，这将是此次徒步最后的欢乐时光。在下一次攀登时，我开始露出疲态。更多的漂砾在恭候我们，不过我们已经看到了峡湾，那正是我们计划扎营的地方。它在下面很远的地方，距离我们约有6.5千米（4英里）。雨点开始从天而降，我们刚穿过遍布漂砾的原野，就在一条小溪边发现了一片绝佳的营地，于是决定在这里舒舒服服地搭起帐篷，而不是艰难跋涉、再次弄得湿淋淋的。我刚带着盛满水的容器钻进帐篷，雨水就开始噼里啪啦地敲击帐篷外侧了。

一整夜雨声潇潇，到了清晨，溪流咆哮起来。我们将要渡过的大河拥有诸多支流，这条小溪是其中之一，我们不禁想知道那条大河怎么可能过得去。我们也许会被困在这里达数日之久。我们收起湿漉漉的帐篷，现在背包似乎是出发时的两倍重了。

我们沿着一道雄奇的峡谷边缘向下走，进入开阔的谷地，远方的大河历历在目，白色的浪花在整条河里翻卷着 —— 好一个巨大的障碍。由于无路可走，我们只好循着最容易的线路，在潮湿的灌丛和漂砾之间穿行。接近轰鸣的河流时，它那令人生畏的力量扑面而来。河水注入峡湾后平静下来，但要宽阔得多，而且依然水流湍急。我们脱掉袜子，将靴子背在背上，开始相互搀扶着蹚水过河；我们就像马戏团的平衡术表演团队一样，只是没人站在顶上。幸亏我们还不知道，就在这段时间里，几个挪威人在北方横渡河流时被冲进大海，溺亡了。我们稳扎稳打地过了河，爬上对岸的陡坡，我在那里倒掉了靴子里的水，拿着在火炉上烧好的一杯热汤，心怀感激地跌坐在湿淋淋的林下植被里。

白尾海雕

沿着海岸线跋涉显得沉闷乏味，连绵不断的雨水又雪上加霜。到了用茶的时间，我们已经筋疲力尽了，于是决定早早地在华尔索附近扎营，那是格陵兰岛最早的基督教堂的遗址。尽管我们已经取得了进展，并且为横渡那条令人却步的河流而高兴，但我们对计划中的过夜地点还是不够了解。所有东西似乎都湿透了，就连我的睡袋都湿了一部分。这一次，托本明智地将帐篷立在较远处，位于我鼾声的传播范围之外。我们扎营的地方距离海岸线只有几百米，我在想是否会遭到北极熊的袭击。在纳萨尔苏瓦克，曾有人向我们保证，这一带的海岸线上不会有熊；但我们在伊加利库得知，去年夏天有一队考古学家在不远处扎营时遭到了攻击。无人能确保熊不会出现，而我们并未携带步枪。

穿越遍布漂砾的原野

广阔的漂砾原野使我们降至龟速，大部分地面都长满矮柳，它们遮住了能让人崴脚的裂缝，还将我们绊倒。在高高的山坡上，我们试图站稳脚跟，沿直线行进，而浓雾却让导航困难重重。

纳沙克的格陵兰捕蟹船

这艘船因发动机故障而困在这里，零件需要很久才能运来，所以船长郁郁寡欢。

　　黎明时分，我们看到雨已经停了，又燃起了希望，然而贴近地表的雾气笼罩了山顶。我们起程上路，一开始是在极其平坦的地面上行走，直到我们来到一座陡峭的斜坡，那上面点缀着更多邪恶的矮柳。不可思议的是，地面上竟然出现了两三个红色色斑，它们引领着我们进入这座密不透风的绿色迷宫，当我们被植物彻底缠住时却消失不见。这里没有道路，只有一片湿漉漉的、高度超过 2 米（6.5 英尺）的植物，它们钩住我们的行囊，把我们绊倒，每晃动一下都将水淋在我们身上。大小各异的漂砾之间隐藏着黑洞，为毫无戒备的人准备了能把脚踝摔断的陷阱。路线开始变得迂回曲折，有时要花三四分钟才能绕过一丛灌木。地面愈发陡峭了，我发现自己在一片岩壁上垂直地攀爬着，越来越频繁地被柳树枝推开，摇摇欲坠。我看不到自己的落脚点。坚韧的枝条钩住了大背包，把我往后拉，使我在峭壁边缘摇来晃去。我若是让枝条弯曲得太厉害，就会面临从边缘被弹出去的风险。

　　这种情形只能用疯子式的徒步旅行来形容。我们用玩笑话来振作士气，但这趟旅程可不是开玩笑。我们不知道这个地区的范围有多大，对于前方有什么样的危险在等着我们，也是一无所知。

　　接下来情况更糟了。前方耸立着一座巨大的峭壁，它嵌在险峻的山坡上，我们只得在茂密而难缠的柳树丛中沿着陡峭的对角线移动，从悬崖上爬过去。每往上攀登几英尺，我们就精疲力竭地停一停。我能听见托本气喘吁吁地跟在我身后，但他对这种不同寻常的折磨表现出了惊人的忍耐力。当情况变得艰难的时候，许多人会生气或沮丧，可他却是个了不起的同行伙伴。为了寻找绘画主题，我曾在可怕的地形上做过许多自残式的穿行；然而对我们两人而言，这段格外吓人的插曲带有一种同甘共苦的幽默特质，在所有旅程中大放异彩——我们从彼此身上汲取了巨大的力量。

　　翻过峭壁之后，成片的柳树又在迎接我们，其中偶尔夹杂着一小片令人愉悦的覆盆子。过了一段时间，坡度变缓了一点。悬崖逐渐转向右侧，可我们依然在与那些烦人的柳树纠缠不休。只有这一次，我觉得没有处于北极熊的威胁之下——头脑健全的熊是不会到这里来的。

　　一条崎岖的道路突然出现了，在一道山脊背后，我们看到又有一片谷地在面前铺展开来，宛如天国景象。这是库舒瓦克的陡峭山谷，它是从雷德卡门峰南面的石壁上延伸下来的。我们需要保持一定的高度，便沿着等高线进入山谷，准备跨过河流，然后爬得高一些，进入上方的冰斗——我们原本是计划昨天在那里过夜的。沿着道路走，前进的速度就快多了。我们的精神开始振作起来，但我渐渐意识到，我听到的一种像连绵不绝的闷雷似的噪声，每走一步就变得更加明显。

雷德卡门

冰里蕴含的色彩给原本宁静的画面带来了生机。

我们爬上一道低矮的山脊，看到前方的景象时，不禁倒吸一口冷气。在我们上方，河水咆哮着冲出迷雾，白花花的水从岩石嶙峋、层层叠叠的河道中奔流直下，一路上溅着飞沫，不时地激起滔天巨浪。根据地图来看，这就是我们应该渡河的地方，然而在那样的激流之中，无人能够生还。我们没法穿越这道屏障。站在这个角度，我们甚至不知道自己能否借助峡湾来渡河。

我们决定朝下走，到了底下，我们发现激流在海水边缘变得较为缓和了。我们小心翼翼地并肩蹚水过河。涌流强劲有力，但我们保持身体直立，如果滑进水里，我们可以立马丢掉背包。我们设法过了河，再一次用一杯鼓舞士气的热汤来表示庆祝。

接下来，我们需要艰难地攀爬约396米（1300英尺），走过一个山口。尽管这里道路状况良好，坡度还是迅速耗尽了我们的力气。

我们爬到激流的西边，进入迷雾。在天清气朗的日子里，很容易辨认出通往下一片谷地的山口，但此时雾气实在太重，能见度只有50米（164英尺）左右，以至于我们完全失去了方向感。我们必须确保自己在正确的地点转向西面。尽管雷德卡门峰是我这次徒步旅行的主要目标之一，但是此时我已经完全放弃了攀登它的念头，因为那上面可供画速写的东西，我一样都看不见。

在一座小石标上，红色色斑指示了掉转方向的地点。这个高度是正确的，我们现在需要掉转260度，攀爬约122米（400英尺），翻过垭口。在北极的这个地方，罗盘显示倾斜度有30度，就意味着注意力需要高度集中了。岩石、石子和漂砾在等着我们，小如足球，大如小屋，各种尺寸一应俱全。这里没有道路，没有红斑，迷雾重重——我们在这崎岖不平的斜坡上攀爬时，唯一的慰藉是时不时出现的长着苔藓的小块土地。在一条有260

斯科夫峡湾的冰山

从卡科尔托克前往纳沙克的途中，我们遇到了许多冰山，其中一些使渔船变得分外渺小。不久以前，人们可以在冬季用雪橇完成这趟旅程，但最近冰已经变得太薄了。

纳沙克附近的冰山奇景

度的路线上，我用醒目的漂砾帮我导航，可是支离破碎的地形迫使我们绕过一些特殊地貌，使导航愈发复杂了。我们还得爬多高呢？

爬上一道山脊时，我们感到欢欣鼓舞：现在只要下山就行了。唉，没料到在不远处地面又开始抬升。能见度更低了，我们周围都是漂砾模糊的影子——这是彻头彻尾的荒凉之地。

坡度变缓了。莫非这里就是垭口吗？地貌发生了些微变化，出现许多水塘，漂砾减少了，一条小溪从雾中浮现出来。我们加快了步伐，轻快地跳过漂砾、越过溪流。不久之后，我们就走出了迷雾。这真是不可思议的一刻——一片广袤的土地在我们眼前展现开来，它通往一个冰斗，目力所及之处，地貌极具野性。这种浩瀚无垠的尺度令我们倍感谦卑与渺小。我们是在正确的路线上。

明晚我们必须到达卡科尔托克，所以我们尽可能地往前推进，但目睹前方有如此之多的漂砾原野，不啻为一次打击。它们大大延缓了进程，而我们又没办法绕行。托本有一个不利条件，那就是他没带登山杖；所以我俩挨得很近，遇到难走的地方，就轮流使用我的登山杖。

由粉色岩石组成的漂砾主要集中在浅浅的洼地里，上面或多或少地覆盖着黑色的地衣。踩在漂砾上很难保

持平衡，对于带着沉重行囊的我们来说就更难了。不可避免的情况发生了：托本滑了一跤，跌进岩石间的一条窄缝里。他伤到了肋部，但幸好不太严重，随后我们继续前进。

跨越巨大的冰斗似乎花费了好几个小时，到了对面，我们找到一个观察点，从这里可以看到前方又有一个同样巨大的冰斗。这一景象令人精疲力竭，但我们意识到目前还远远落后于行程表，所以还是打起精神，准备再努力一把。在海岸附近，我们终于爬下低矮的峭壁，与那些可怕的柳树进行最后一场战役，接着便到了一片相对平坦、长着青草的区域，疲惫不堪地跌坐在地上。

早晨我们比平时出发得更早，因为我们知道，徒步前往卡科尔托克将需要漫长的一天。云底的高度约为304米（1000英尺），好在只是飘点毛毛雨。然而，另一次涉水过河给我们助了兴，而且我们很快又遇上了湿漉漉的柳树林。一条时断时续的小径从中穿过，可我们不断遭到湿树枝的迎面痛击，这比持续的降雨更令人不快。在我们的两侧，圆锥形的山峰高高耸立，它们那巨大的、金属板似的表面在潮湿的空气中闪闪发光。

我们往下走，来到另一道峡湾的岸边，又不得不穿过在小型峭壁边缘丛生的柳树。有一次，我站在一大块漂砾上，同时抱住另一块，想绕开它，此时我感觉两

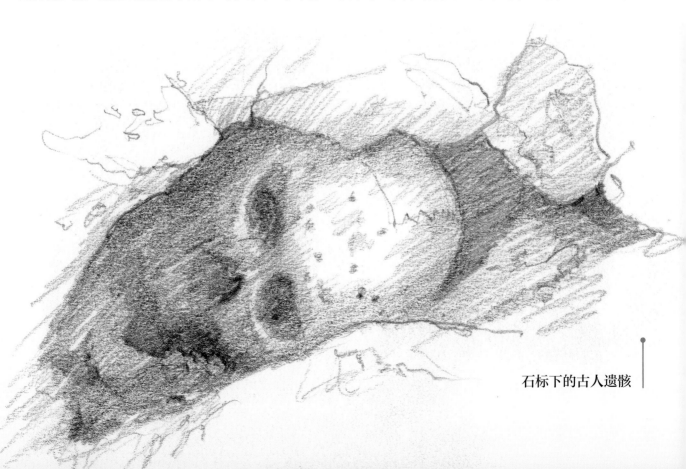

石标下的古人遗骸

借助望远镜画速写

托本·索伦森摄

块石头都开始晃动了。我冒着摔进峡湾、巨石压顶的风险，凌空跃起，跳到对面长着草的悬崖边上，与我的行囊滚作一团。

在比较好走的地面上，我们的进程加快了。白日渐渐消逝，尽管地面状况大体良好，我们两个还是饱受脚痛和疲惫的折磨——偶尔出现的漂砾原野更是增添了兴味。

雷德卡门出现在远方，于是我停下来画速写。黄昏时分，我们开始怀疑能否在傍晚抵达卡科尔托克。直到夜幕降临，依然没有出现城镇的迹象，因此我们得在光线彻底消失之前找地方扎营。

我们没有工夫择床，便飞快地找了两个地点，它们小得只够一只鸡下个蛋。我在一片昏暗中设法在附近找了一个不太可靠的水源。我们仅剩的食物是一些汤和两条谷物棒，但我很高兴能够爬进自己的睡袋里，享受地面上不合时宜地支棱起来的尖锐突起物。我想知道，鉴于我们没有如期现身，卡科尔托克旅馆的人会在什么时候发出警报。

到了清晨 5 点 45 分，我们两人都起床了，我们需要在他们呼叫救援之前抵达城镇。一架直升机在一段距离之外嗡嗡作响，我们希望它不是在寻找我们。雾气降到了 122 米（400 英尺）左右的高度，不过在出发时天气至少还是干燥的。我们沿着道路顺利地前进，幸好没有碰上什么漂砾、柳树或需要蹚过的激流。我的目光越过峡湾，看到雾气横亘着，呈优美缥缈的丝带状，不断地移动和变形；一片带着各种强度的灰色景致，在一两个地方被冰山打破。

我们顺着通往内陆的小径走，一片高地在面前展现开来，那上面盖着鳞次栉比的各色房屋，有黄色的、粉色的、蓝色的、紫色的和绿色的，它们与云雾缭绕的灰色背景形成了惊人的对比。这感觉就像走进了玩具王国一样。

小径变成了柏油路，不久我们就见到了一个因纽特女孩，她确认这里就是卡科尔托克，不过她不清楚旅馆在什么地方。

就在城镇开始苏醒过来的时候，我们找到了旅馆，它位于海港高处。旅馆经理海蒂是因纽特人，当得知我们是前一晚就该到的那两个人时，她热情地招待了我们。让我们松了一口气的是，此前并未展开救援行动；两杯威士忌下肚之后，感觉更好了。咖啡、早餐和悠长的淋浴让一切渐入佳境，不过淋浴使我脚上和其他地方的伤口疼痛不已。我的两只脚都肿了起来，还起了水疱。午餐时我们狼吞虎咽，吃下一盘盘食物，然后浑身酸痛地在镇子里晃悠，一边画速写，一边游览观光。

我们在卡科尔托克愉快地度过了两天，从徒步旅行中恢复过来，然后乘船前往纳沙克。这趟旅程在冬天可以借助雪橇来完成，但现在冰面太薄，无法安全地跨越。我们在那里见了一些当地人，其中包括一位牧师、他的妻子和孙女，他们都穿着格陵兰服饰，这是开学季的一项传统。他们邀请我们到家里做客，和他们一起用茶。我给小姑娘画了一幅速写肖像，不过她总是蹦蹦跳跳的，所以画得相似是一种挑战。

在纳沙克的其他日子里，我给当地人画了更多的肖像，有一天，我们乘船前往最近的冰川，在那里画了速写，还无意间在附近的石标下面发现了一些古人的遗骸。最后我们沿着埃里克斯峡湾逆流而上，到达纳萨尔苏瓦克，又搭乘飞机返回哥本哈根。

三年之后

在一天中的大多数时间里，海雾掩住了山峰。阔别三年之后，我们回到格陵兰岛南部，这次主要是为了品味海上风光。我们的目标是在塔塞尔米尤特峡湾附近的地区为崇山峻岭画速写，该峡湾是一条长长的航道，向上一直通往冰盖。我们的泽迪雅克船可供六人乘坐，这是为了给托本的丹麦酥留下充裕的空间。我们提前六个月进行了预订，不过，当我们前去对它进行彻底检查的时候，代理商非常不安，想知道我们有什么驾船经验。托本在退休前是航空公司的飞行员，我们两人都不太熟悉复杂的驾船技术，因此，他们不情不愿地让我们把船开到一道偏远的、长达80千米（50英里）的峡湾。坐在由两个航海新手驾驶的敞篷小船里，是有潜在风险的，不过他们同意给我们提供一些指导，所以，一位因纽特渔夫在下午带我们出海，进入海湾，在笼罩着迷雾的冰山之间穿来穿去，这些冰山都有摩天大楼那么大。渔夫有个华丽的北欧名字——托尔。他不会说英语，但能说基本的丹麦语，因此托本被选作舵手。

对页图

纳诺塔利克和塔塞尔米尤特峡湾的概略印象

低空飞行的管鼻鹱

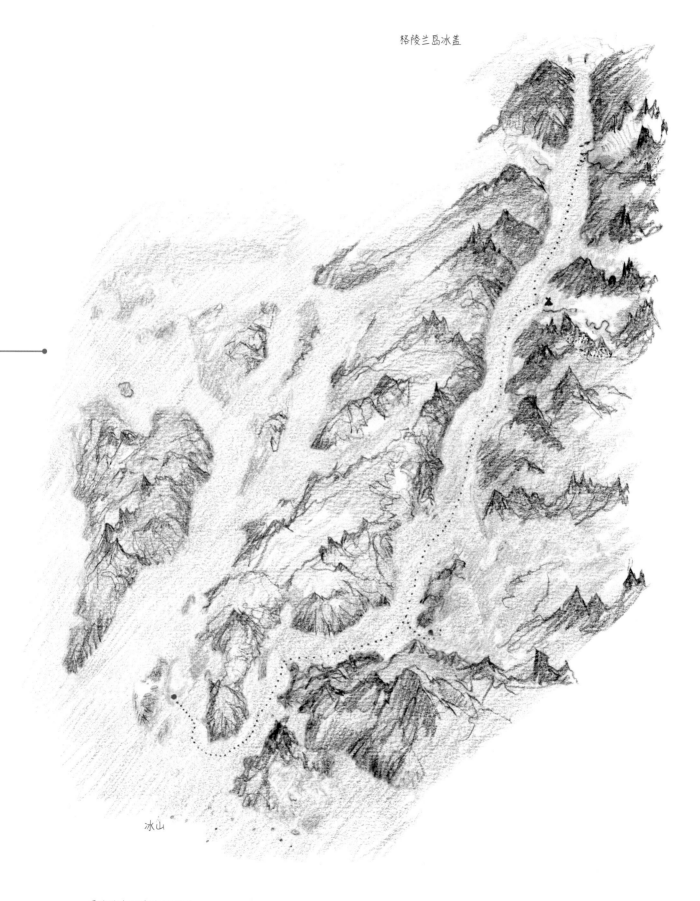

格陵兰岛冰盖

冰山

· · · · 泽迪雅克船的航行路线

激
流

托本将船驾驶得极好，使我们受到了称赞，但我总觉得是我间歇性爆发的航海术语给他们留下了深刻印象，没准还影响了他们的决策。这一天余下的时间里，我们为远征准备补给品。托本需要一卷厕纸，却只能找到含二十四卷纸的大包装产品，于是卷筒纸和百洁布一直堆到了船舷上缘，后者在本地商店里同样只有量贩装。

克洛斯特达伦的营地

成群的飞蠓虽然恼人，却并不咬人；除开它们，这里就是我搭建过的最怡人的营地之一了。此地人迹罕至，我们享受了最灿烂的阳光，而且可以看见遥远的格陵兰岛冰盖。

傍晚，广播称几名格陵兰人在岸边翻了船，溺亡了。在我们看来，这则通告的发布时间可谓恰到好处。就在准备起锚的时候，我们又得知船底有个窟窿，但船上备有一只小桶，可以用来把水舀出去！这让我们的信心进一步遭受了打击。不过我在电影里见过这样的情形，因而知道我们会平安无事的。

启动舷外发动机有点困难，但没过多久，我们就以迅捷的速度出发了。大海上风平浪静，日头很毒。冰山醒目地浮在水面上，我们很容易驾船避开它们。需要留意的是小块的残碎冰山，因为你在看到它们之前，就有可能撞上去。

渡过纳诺塔利克湾之后，我们立刻进入塔塞尔米尤特峡湾。巨大的峭壁围拢过来。在峡湾深处，悬崖峭壁一派森然，笔直地落入海中，所以要是遇到突发状况，那里并没有可供靠岸的海滩。这个地点适合邂逅北欧传说中的大海怪，然而就连一条鲦鱼都不曾搅动水面。我们从偶尔出现的冰山旁边驶过，尽管是全速前进，还是花了很长时间才到达老远就能看到的地标。途中没有其他船只来搅乱这片宁静。托本负责掌舵，我则在地图上查看我们的位置、画点零散的速写。

前方的景色终于开阔起来，远处一列犬牙交错的山峰构成了一道屏障。那是我们要经过的最后一个定居点——塔休沙克背后的山脉。我潦草地画着速写，这有利于我忘掉坐在北极的敞篷小船里感受到的刺骨严寒，不过速写又因不断舀水的需求而受到限制。风景愈发壮丽。正午时分，我们到达了目的地——克洛斯特达伦的山谷，乌伊鲁伊特·库阿河在这里注入峡湾，形成了一道美丽的大瀑布，水流白花花的，翻卷着泡沫。就在它的上方，凯蒂尔拔地而起，这座山峰坡面光滑，极其陡峭，是闻名世界的高难度登山胜地，很少有攀登者挑战成功。

托本的卷筒纸

托本需要一卷厕纸，但本地的布鲁格森商店只按一包两打的包装出售厕纸，所以他帐篷里的纸堆得都溢了出来。有两天他还觉得挺舒服的——除了飞蠓！

David Bellamy

塔塞尔米尤特峡湾的源头
冰盖在这里降至海平面。山脉的高度约为 2000 米（1.25 英里），与冰盖几乎一样高，它们直观地显示了冰盖的厚度。在更远的内陆，冰盖的深度超过了 3 千米（约 2 英里）。

激
流

塞尔米齐亚克冰川上方缭绕的云雾

这个场景很壮阔，背景中山峰的高度超过了 6 千米（3.75 英里）。

　　现在我们面临的问题是让船靠岸。一条散落着岩石的、怡人的海岸线安卧在前方，岸上有一道低矮的岩石峭壁，其上点缀着泥土和植物。要想靠岸，我们就得横渡一片宽阔的沙洲，它在落潮时裸露出来；这事说起来容易，做起来难。船在沙洲上触地了，我只得脱掉鞋袜跳下去。峡湾的水冰冷刺骨，所以我争分夺秒地蹚水踩在沙子上，牵着绳索，这一壮举只让船向岸边靠近了一点点。托本递给我一只备用的燃料罐，它的分量足以将船锚定在平静的水域里，于是我将它系好；为了减轻荷载，我们把船上的远征装备都卸了下来。我们搬着所有的东西渡过沙洲，把它们送上岸，然后又将船拖得更近了点。这是一桩苦差事，但它好歹让我们暖和过来了。我们一点点地把船往岸上拖，但耗时良久。

　　我坐下来画速写，然后又在涨潮的帮助下把船向岸边拖近一点，直到它在石头上泊好。我们把装备扛到峭壁上，其中包括整整二十四卷厕纸，又在一片怡人的、能够俯瞰峡湾的绿草甸上支起帐篷。四面八方都是轮廓优美的山峰，它们提供了诸多可以入画的题材。近旁野花盛开，天趣盎然，其中有色彩斑斓的独花风铃草（Campanula uniflora）和柳兰，后者在格陵兰语中叫作 niviarsiaq，它是格陵兰岛的国花。

在这一天结束之前，我们出去走了走，查看周边的环境。卡尔克达伦谷上面的景致看起来很诱人，但那些令人生畏、密不透风的柳丛又来添堵。在夕照下用过一顿美餐之后，托本跟他的卷筒纸在帐篷里安顿下来，我则更新了自己的日志和速写本。

凯蒂尔和克洛斯特达伦

凯蒂尔陡峭的坡面对攀登者来说是巨大的挑战，尽管它名扬天下，却几乎无人成功登顶。

克洛斯特达伦群峰上的夕照

在清晨的昏昧之中，群峰藏在低矮的云层里，云底高度约为 122 米（400 英尺）。我们需要早早出发，以免潮水退去，让船搁浅。我们今天的目标是前往离峡湾源头不远的塞尔米齐亚克冰川，还要给落入峡湾的冰盖画速写。天气好的时候，从我们的营地可以看清冰盖，它让高达 1892 米（6000 英尺）的山脉相形见绌，使我们对冰的厚度有了具象化的认识。

我们离开帐篷，迅速地让泽迪雅克船移动起来。我设法脚不沾水地跃进船里，就在我们为这次完美的起航额手相庆的时候，我发觉自己把相机落在了海滩上。我们只好回去。我脱了鞋袜，卷起裤腿，跳进冰冷的水里，在几秒钟之内找到了相机，然后猛地推一把船，又跳了进去。就在我重新穿好鞋袜时，我们显然哪里都去不了了，船稳稳地停在地上。我再次脱掉鞋袜，又一次跳进水里，开始推船；与此同时，托本笑得前仰后合。最后船终于离得足够远，于是我趁水尚未没过头顶的时候跳进船里，这次我们真的出发了。我独自反思了我们不甚光彩的起航。

塔塞尔米尤特峡湾中闪耀的冰山

由于这实际上是两座邻近的冰山，从不同的角度和距离观望，其轮廓会发生相当大的变化。

迷雾中的独木舟

　　我们用了一个多小时的时间到达冰川，将船驶到深水区的大石头中间，这时冰川的踪影只能透过低矮的云层才能瞥见。我跳出去拖船，把它拴在一块岩石上。我们徒步穿越一片寸草不生的冰碛荒原，朝冰川走去。在右侧，一连串轰鸣的瀑布吸引我们画了一张速写，然后我们继续前行，直到抵达一座受冰川泽被的灰绿色湖泊为止。云层开始抬升，阳光透过云隙洒了下来，暗示着壮丽的场景即将展现。我暂时忘了成群结

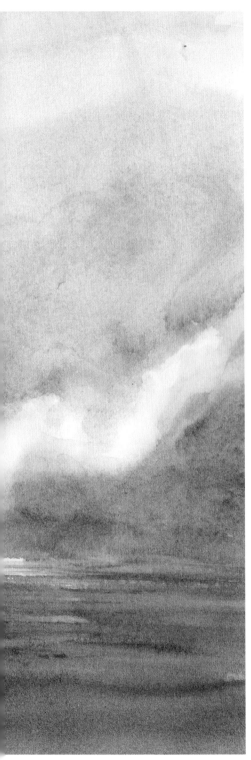

纳诺塔利克的殖民地老港口

老建筑如今成了一座出色的博物馆的一部分，我坐在由一堆杂乱的岩石筑成的防波堤上，对这个场景痴迷不已。过了一会儿，一个骑自行车的小伙子出现了。令我吃惊的是，他把自行车丢在崎岖不平的堤坝末端，径直朝我走来。他实在没道理过来，因为这里没有通往其他地方的道路。原来，他听说了我画画的事（在定居点，消息传得多么快啊），过来邀请我们去他家喝下午茶。

队地在我头顶盘旋的蚊子，泡了一杯咖啡，又不禁思忖自己为何没顾上将它送进嘴里。在这段时间里，我已经给冰川上有趣的地貌画了一些小图案，冰川本身无比辉煌，崇高而庄严。我用早晨剩下的时间处理构图。用过简单的早餐之后，我们继续画速写，因为峡湾源头提供了另一番美丽的景致。

在茶点时间，我们回到船上，前往峡湾下游的营地；我们知道潮水会让我们顺利地直达海滩。返回营地后，我们在温暖的日光下休憩，头顶依然盘绕着成群的蚊子，因为空中满是这些恼人的小东西。

在克洛斯特达伦停留的日子阳光灿烂。我们试着探索山谷，不过，尽管我们多次尝试寻找正确路线，最终都会以碰到一大片柳树而告终。我试图在这浓密的丛林中开出一条路来，却发现自己走到了一片沼泽地。我小心翼翼地往前推进，利用柳树枝深入沼泽，但路很难走，我极有可能掉进面目狰狞的污水之中。我到了河边，停下来画速写。前方是绵延数英里的沼泽和柳树，于是我决定掉头往回走，从较高的地方探索山谷。我有两次走错了路，随后发现自己面对一座高达 4.5 米（14.75 英尺）的陡峭悬崖。我清除了一些枯枝败叶，把靴子踩在一小块突起的岩石上，但当我将全身的重量压在它上面时，岩石碎了，我摔倒在地。我的第二次尝试有赖于速度和动能，奇怪的是这次奏效了。我最终爬上了悬崖顶部，腿上只有一处擦伤。不过，回头往下走将会是另外一回事了。

　　一片草地映入眼帘，我发现托本就在近旁。他是从一条通畅易走的路线上来的，无须像我一样有勇无谋地攀岩。

　　稍远一点的地方出现了一座山谷，山峰参差不齐、层峦叠嶂，沟壑之中还有积雪。这一天余下的时光便用来在周边画几幅风景速写，然后我们从好走的路返回营地。

　　太阳在峡湾上投下点点光斑，这里的自然世界远离饱受摧残的欧洲大陆，纯洁无瑕，美不胜收，有着抚慰人心的力量，我们为之感到惊奇。

对页图

阿曼格瓦克肖像

阿曼格瓦克身着传统的格陵兰服饰，这是为了在大型学校进行民间歌舞表演，其主要目的是吸引乘游轮而来的观光客。那些观光客很不走运，他们在恶劣的天气里抵达这里，穿着极其滑稽的外套，其中包括塑料袋和破破烂烂的德古拉式复古斗篷。一名丹麦男子——也可能是一名女子——穿着连同触角在内的大黄蜂似的装备。一位高大的美国女士站在那里，问一个因纽特小姑娘，她是如何让悠悠球一上一下的；这位女士的嗓门如此之大，让我笑弯了腰。小姑娘对她的问题完全摸不着头脑。

附加图

纳诺塔利克镇

纳诺塔利克坐落在格陵兰岛最美丽的地点之一，背后是壮观的峰峦。我们的小屋位于海湾边缘，雄伟的白色冰山在岩面线后方的近海处巍峨耸立。

纳诺塔利克的局部景观，岛屿上的山峰在远方耸立着

David Bellamy

托尔舒卡塔克山的峰峦

我在卡卡尔舒瓦斯克山巅画了这张速写，格陵兰岛
最南端的费尔韦尔角就在前方不远处。

David Bellamy

我们在克洛斯特达伦逗留，然后准备向峡湾下面走，前往塔休沙克。泽迪雅克船添加了罐装燃料，我们在大潮时装载物品，然后轻巧地漂离岸边，驶进深水。在没有太阳的情况下，我们裹得严严实实，但还是无法抵御大风，感到严寒刺骨。云底高度约为91米（300英尺），因此见不到可供画速写的山脉，而且我的全副精力都用来舀水了。远方出现了一座冰山，然而用了一个小时才到达那里，这段时间里，我们感到寒气透骨。

托本与作者

过了近三个小时，我们才到塔休沙克，拖着冻僵的身躯登上了岩岸。当地的酋长说我们可以在任何地方扎营，然而到处都是动物的粪便和踢足球的孩子，所以前景不那么光明。他建议我们待在用作旅馆的小木屋里，那是一栋敞亮的建筑，在屋内可以越过峡湾远眺山脉，景色壮丽。我们欣然接受这个良机。对于艺术家兼作家而言，那是完美的退隐之所，我回忆起在这里度过的时光时，心里怀着由衷的喜爱之情。我们若要淋浴，就得去学校，那里只有七个学生！

我在皮莱苏伊索克商店（格陵兰岛的一家连锁店）消磨了一些时间，装出要买东西的样子，不过实际上我是在给其他顾客画面部速写，这让托本忍俊不禁。待在此地的日子里，我们朝着不同的方向漫步，以一种更为轻松随意的方式画速写。

离别的时刻到来了，我们却发现舷外发动机无法发动。托本检查了燃料，发现油箱空了。有人偷走了燃料。幸好我们来的时候把备用的燃料罐拖到了旅馆，于是我们再次把油箱加满，发动机运转起来，让我们松了口气。

我们返回纳诺塔利克，代理商看到他们的船完好无损地回来，如释重负。接下来的几天里，我们在博物馆附近一栋漂亮的木质建筑里安了家。这是个友善的镇子，有许多人来找我们，观看我们的艺术作品，与此同时，有少数观光客晃悠进来，以为我们是博物馆展览的一部分。当地的一位因纽特摄影师邀请我们去他家喝茶。他向我们展示了他的摄影作品，然后端上两杯茶，以及一大块生的芜菁！我把芜菁递给托本，他用刀从上面削了几小片下来，又把它递还给我，与我分享。用芜菁来替代蛋糕和司康饼甚是可爱，也有点匪夷所思，我们费了好大的劲儿才保持住庄重沉稳的风度。

北极燕鸥

准备俯冲

红色的喙，漆黑的顶冠

在北极画速写和绘画

乘雪橇沿着霍森斯峡湾下行

澄澈的北极之光照亮万物，让一切都显露出灿烂的细节，然而要想创作出一幅富有趣味的绘画作品，我觉得需要让景物朦胧一点，并增添一种莫名的情绪。我将山脉较为遥远的部分柔化，在多个表面舍去了大部分细节，以此达到这一效果。雪橇自然是趣味中心，为了将焦点放在这个区域，我强调了它前方的冰山的形状与色彩。我还添加了一条朝冰山延伸过去的深色冰间水道。

David Bellamy

我总是对室外速写怀有莫大的热情，因此，当我开始对北极感兴趣时，我就期待能将我的水彩颜料带到那里。从 20 世纪 70 年代中期起，我便在冬季的大山里绘画和速写，而且经常是处于极端的环境之中，而北极地区将会使挑战上升几个等级。经年累月地在不那么理想的条件下工作，使我学会如何应对雨水、暴雪、狂风、沙漠的酷热，还有许多其他会妨碍户外艺术家的因素；我对于在零度以下工作已经习惯了，但是北极的要求更高。湿画笔会立马结冰，笔尖硬如矛尖，所以我在用某一支笔时，会把其他的笔夹在腋窝下解冻，不过这么做无济于事。我在年轻时就将冰点很低的杜松子酒加进绘画用的水里，但在极其寒冷的环境中，连这个方法也有局限性。

北极经常将严酷的限制强加给艺术家。诸多探险家兼艺术家曾在北极探险的黄金时代造访这里，当时照相机还没有发明。其中许多人是在英国皇家海军有军衔的军官，在军事院校接受过制图技术训练，但也有身为平民的职业艺术家。他们不但测量海岸线，而且把关于风景、当地居民、野生动物、事件及其他题材的速写带回了故土。在丹麦，重要的是平民实践者，而非海军。通常的工作方法是用铅笔描摹题材，过后再在船内或营地里，根据色彩注释或凭借记忆上色。19 世纪晚期，皇家海军外科医生爱德华·莫斯会戴着两双毛线手套画铅笔速写图像，再到甲板下面就着烛光上色。他会时不时地走到甲板上查看色彩。

北极的闲谈

鸟与兽都以这种姿势站了一会儿。尽管它们看似离得很近，像在交谈，但它们其实相距甚远，而且这只鸥很是警觉。

人们会问，既然照相机更精确、更迅捷，为何还要画速写呢？对于艺术家，特别是对于野生动物画家，摄影确实有莫大的帮助，不过你就算只花几分钟画一个物体，也会观察和学习到许多东西。构图中的任何问题（例如排成一列的各种地形地物碰巧形成一根奇怪的线条）都可以在现场解决，可别回到家中，在只有一张照片可以参考的情况下冥思苦想。我还发现，照相机会丢失微妙的色调和色彩，这在冰雪和天空部分非常严重。寻找风景中的色彩并非总是一帆风顺，但我发现，用该场景的照片对它们做记录甚至更困难，在北极、在光线是平光的天气里，这一点休戚相关。记录动态的野生动物时，照片会产生呆板或不自然的效果；在实践中给动物画动态速写，则能创作出一些真正富有活力的作品。

北极熊习作

我在富勒比约登画了这些铅笔习作，后来又加了点色彩。其中有一些效果相当好，其他则不然。重要的是持续地画速写，别去在意错误或因动物离开而未完成的素描。

熊的皮毛在夏季比在冬季更黄。

从某些角度来看，鼻吻部似乎更尖，但它肯定是方形的。

眼睛的位置至关重要。

愤怒的鸥

皮毛在潮湿时有明显的肌理，边缘轮廓更加硬朗。

由于气温稍稍回暖，我没有用杜松子酒，不过天气依然很冷，
足以让薄涂层微微结冰。

在寒冷环境中使用的画材与装备

正如我在前面的章节中提到的，不论你捕捉的是北极天空或大海的刺骨严寒，冰山上余晖的暖意，还是冻土里数不胜数的微妙色泽，在一幅精妙的速写中，色彩都是至关重要的元素；因此，用一支普通铅笔作画并非总能产生效果。

在与严寒对抗时，首先要考虑的是做足准备。在这个自然世界中远征探险，搭配、挑选画材及设备时就需要进行精心规划。我带了一套便携式的速写装备，它们装在一只方便随时拿取的腰包里——倘若我需要在酷寒或迫近的风暴面前迅速作画，它是必不可少的。腰包中装有一本 A5 尺寸的硬皮速写本、铅笔、画笔、钢笔、一小盒 12 色的半块装水彩颜料、夹子、还有在画速写时用来缚住纸页的橡皮筋，以及一只水壶。在真正寒冷的环境中，我画速写时会将这只水壶握在戴着手套的手中，这样我手上的温度将防止水结冰。我还带了一两支尼龙储水笔，它们有中空的塑料笔杆，扭开后可以存水：只要你把笔端的笔帽拧开，挤压笔杆，水就会顺着尼龙画笔纤维流出来。在极端寒冷的环境中，添加杜松子酒或伏特加自然是有帮助的。在北极进行快速创作时，储水笔非常好用，因为手可以再次为笔杆中的水加热；不过它们比不上真正的貂毛画笔，也不适合画大面积的水彩薄涂层。

于默山脉的峰峦

在这幅现场创作的水彩速写中，水彩薄涂液显然立刻就结冰了。天空部分的第一层薄涂效果很好，然而严寒占了上风，情况急转直下。色彩因结冰而凝固，形成醒目的蓝色斑点，在这种时刻，画笔就变得无用了。

北极速写装备

我的小颜料盒是用几支管装水彩颜料来补充的。我带着惯用的速写装备，还带了一小瓶杜松子酒、一副用于抵挡冰上强烈反光的雪镜和一只罗盘。罗盘不仅被用来导航，而且可用于识别我画过速写的山峰。

除了腰包之外，我还在帆布背包中备着大速写本和散装的纸张，以及第二套画笔和铅笔，其中包括一大套水溶性彩色铅笔、我喜欢的色彩的备用颜料管，还有一块可以当坐垫的方形闭孔泡沫。如果一只装画笔的盒子滑进了冰裂隙，至少我还有备用工具。若要画多种类型的场景，那么一个装有各种纸张、用细线绑好的自制收纳夹十分理想。举例来说，画精致的细节时，我可能需要光滑的画纸，而画明显的肌理时，我可能需要糙面纸。这些纸多数都是很好的获多福画纸，它们的优势还在于即便在严苛的环境中也稳定可靠。我也带了一些有色水彩纸。

晨间休息

夏季结束时，在长距离的南迁途中，加拿大雁停在伊斯兰兹达伦的一座冰川水塘里，稍事休息。我借助望远镜，在这幅水彩速写中描绘了鸟儿的细节，刚开始时用的是铅笔。它们停留了很久，虽然走来走去，但是让我得以用一支细巧的画笔从容不迫地添加色彩。背景信息是在它们离开之后补充的。

在北极画画时，我经常多带一些不同的蓝色，而且我会带上不可或缺的瓶装杜松子酒。一只橡胶铅笔盒借助挂带悬吊在抓绒卫衣内侧，我把画笔、储水笔和铅笔放在里面——储水笔里的水因体温而避免结冰，随时可供使用，不过一到了户外，它就不能再长时间保持液态了。我的口袋里装满了铅笔头，用它们可以迅速地作画。而且，在远征途中我丢失过许多铅笔，损失铅笔头总归比较划算。

对于户外艺术家而言，水溶性彩色铅笔真乃一大福利。我的速写技法里包括这样一条：先在纸面铺上彩色的水彩薄涂液，然后立刻用一支深色的水溶性彩色铅笔在上面勾画线条。这种画法使我在雨雪天气里能够愉快地工作，原因是即便大部分色彩都被冲刷掉了，图像也依然存在。这也提升了我的速写速度，因为不论下雨与否，我都不必等薄涂液干燥。有时我用水溶性彩色铅笔画出色块，然后在纸上涂抹

纳沙克皮莱苏伊索克商店里的购物者

这位女士扁平的面部轮廓深深吸引了我，我藏在当地超市里的沙丁鱼罐头和步枪子弹后面，设法飞快地勾勒了一个铅笔轮廓，大多数调子是后来才填在其中的。

俯瞰冰岛的布兰德斯基尔

在恶劣的天气里，我选择用一支水溶性炭笔在一张绘图纸上画出这张速写。较深的条痕是铅笔划过零星的雨点时留下的痕迹。画中包含几条关于色彩的笔记，"I Rd"是指印度红。

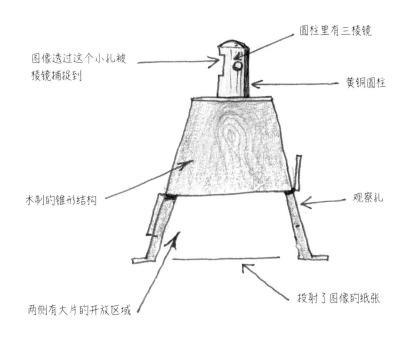

图像透过这个小孔被棱镜捕捉到

圆柱里有三棱镜

黄铜圆柱

木制的锥形结构

观察孔

两侧有大片的开放区域

投射了图像的纸张

海岸测绘仪是科尔内留斯·克努森制作的，1884年，古斯塔夫·霍尔姆在格陵兰岛东部使用了它。

海岸测绘仪

这个仪器是一种"明室"，它是格陵兰岛南部纳沙克的一座博物馆中的藏品。19世纪晚期，古斯塔夫·霍尔姆在前往格陵兰岛东部的探险途中使用了它，将它作为绘制海岸线的辅助工具。我喜欢给有关探险的手工制品创作静物素描。

清水，将铅笔的色彩变成水彩颜色，并且经常将不同的颜色调和在一起。在北极零度以下的气温里工作时，这个技巧非常管用。我涂抹干燥的铅笔色彩，在某些地方叠色，过后在帐篷或小屋里涂上清水。第二种技法要粗放得多，那就是涂好铅笔色彩，再抓起一把雪在速写上揉搓。只有在画中细节甚少时，这种方法才奏效，不过，假如你对色彩盖在了不应该覆盖的色块上不以为意，那么连这个问题也可以被克服。接下来，你可以用一支普通的铅笔或钢笔添加细节。

另一种有用的工具是水溶性炭笔。它貌似一支普通铅笔，你一旦用它上了调子，就可以用水扫过画面，创造出水彩薄涂般的效果。当你希望给画作注入空气感时，它尤其出效果。在这些单色速写上，我添加了关于色彩和其他要点的笔记。我也从好几个角度拍摄主题。主题包罗万象，有开阔的全景，也有更为私密的场景，诸如绘有猎人装备的静物画、肖像画或野生动物绘画等。

画野生动物速写

在自然环境中捕捉野生动物的图像，是一件无与伦比的事。为了观察野生动物及遥远的物体，我会使用架在三脚架上的单筒或双筒望远镜，不过有时北极熊、麝牛、海象和北极狐离得如此之近，以至于我无须依赖光学放大设备。海象是令人敬畏的模特，它长久地保持同一姿势，然后换一个迥然不同的姿势，接下来又静止不动，直到它可能觉得你已在速写中画得比较肖似为止。北极狐则不然，它活蹦乱跳，几乎不会止步，但它会时不时地停顿一下，嘲弄似的盯着你——时间极短，连画三四根线条都不够。麝牛的行为不好预测，如果你一不留神将自己暴露，那么它要么盯住你，令你不敢对视，要么直冲过来，不过我们知道它们也有逃之夭夭的时候。在这种时刻，我会收好我所有的画材和相机，伺机夺路而逃。

尽管我不认为自己是野生动物艺术家，但野生生物总是令我着迷，通常情况下，是它们发现了我，而不是我发现了它们。有很多次，在我快速地画速写时，某种生物出现了，于是我会将它画进风景之中。有不少荒野景观缺少丰富的细节，因此，将某种形式的野生动物（即便它非常遥远）或几只 V 字形的鸥纳入画面，将是莫大的帮助。许多北极场景都因一两只鸟而大大提升，现在我倾向于将它们在作品中处理得更加醒目。比如在画一只管鼻䴉时，让它的一只翅膀下垂、打破水平线，就是一个有效的策略，也能给画面带来生机。众所周知，飞行中的鸟类很难画，但凭借经验和实践是可以掌握要领的。每当观察短尾贼鸥的时候，我都会发现，给处于飞行状态的它画速写的最佳时机，是在它起飞之后的片刻，因为那时它会飞得非常迟缓。

通常而言，画速写是一种轻松愉快的体验，但在北极的大部分时间里，你需要留意北极熊。它们可以在 32 千米（20 英里）开外嗅到人类的气味，而且擅长潜行到猎物身边，出其不意地把它抓住。艺术家一般会将全副精力投入到绘画主题之中，因此容易忘记北极熊的威胁。我曾多次猛地意识到，自己已经有好长一段时间放松警惕了。

好奇的麝牛

麝牛盯着我时，我狠狠地瞪回去，想让这头野兽继续看着我；与此同时，我飞快地捕捉着细节，专注于那硕大的脑袋，只是稍稍示意它的身躯。后来我又深入刻画了两只角，并增加了泼溅效果。

北美驯鹿与冰墙

在这幅带有拼贴的水彩画中，我将和纸碎片粘在背景中的冰墙上，当它们干了之后，我在上面铺了水彩薄涂液，其中包括在局部区域非常强烈的色彩。和纸的的纤维增强了裂缝的感觉，丰富了肌理。

David Bellamy

在移动中画速写

在北极清冽的空气中，你通常可以看得非常远，当你坐在狗拉雪橇上缓慢前进时，完全有可能在移动中画速写。除了近处的地貌之外，景色不会变换得那么频繁，而且在多数时间里路况良好，有时甚至令人昏昏欲睡。我充分利用这些时间来作画，主要是用铅笔。有时我让雪橇驾驶者稍稍向左侧或右侧移动，或是让两架雪橇并驾齐驱，这样我就能画另一架雪橇了。这样的速写经常需要来点后期修整，但它们浑然天成，带有真实的探险色彩。

与之形成对照的是，有些时候，我需要将自己固定在一个位置，身子探出去的幅度如此之大，让我有滑进冰窟的风险。为此我把一根螺旋冰锥固定在坚冰之中，系上一根长度为1.21米（4英尺）的吊索，将它缠在身上。我还用穿索铁锁和一只小网兜把较贵重的装备固定在冰锥上。

多年来，我在狂风暴雪中画速写，试图捕捉当下瞬息万变的氛围，从中享受无穷的惊险刺激。不过北极风暴的情况迥然不同。猛烈的北极风暴突如其来，逞凶肆虐，它能让你不知所措，并因温度下降而呼吸困难。你无力控制手部的动作，画材在席卷的雪花中消失不见，绘画主题也被白色的漩涡湮灭了。我在外层的连指手套里还戴着薄手套，为了画速写，我会将右手的连指手套摘掉，但在真正寒冷的天气里，这么做是无法持久的。即便在北极晴好的冬日，羽绒服和多层保暖内衣也是必需品，一顶（或三顶）暖和的帽子也必不可少。灰色太阳镜或护目镜同样是核心装备。

在如此荒蛮的环境中画速写，并不适合每一个人。托本评论道，在冬天的北极，"鲜有人意识到，我们摘掉一只手套、取出画材、在格格不入的环境里画速写，需要有惊人的努力和毅力——使用水彩颜料时尤其如此！"然而，回家时带着好几本速写本，里面满是激动人心的新作，哪怕当中有一半都一塌糊涂，也会令人心满意足。北极有着如此丰富的壮阔景致，其中的大半都超越了我们以往的经验与想象，我们这些艺术家被催赶着描摹这超凡脱俗的美景，就算事倍功半，也终将创作出有意义的作品。

托本·索伦森摄

作者在雪橇上艰苦工作

在延斯的驾驭下，雪橇平稳地驶过深深的积雪，而我则在悠闲地画速写。

术语表

系索（Belay） 攀登运动术语，意为系上一条绳索。攀登者若是坠落，下坠将因此而中止。

东方羊胡子草［Bog cotton（Eriophorum angustifolium）］ 莎草科开花植物，生长在温带、亚寒带和北极地区。

辫状河（Braided stream） 由窄小的浅河道构成的河流，这些河道分分合合，产生辫状图案。沉积物在河道之间形成岛屿或小洲时会产生这种地貌。

石标（Cairn） 作为地标或纪念碑而建起的石堆。

裂冰（Calving） 一大块冰从冰川分裂出来，通常由冰川膨胀引发。

垭口（Col） 山脊线上两峰之间的最低点。

冰斗（Corrie） 三面环山的圆形洼地。

冰裂隙（Crevasse） 冰川或其他冰体中幽深的开放性裂缝。

流冰（Drift ice） 在风或海流的作用下移动的海冰。

峡湾（Fjord） 海湾。它们通常狭长且被高耸的峭壁环抱，但也有特例，比如宽阔且无悬崖峭壁的哈里峡湾（见第 58 页《走进冰原》一章）。

喷气孔（Fumarole） 喷射出水蒸气和气体的地下孔洞，通常位于火山地区。

冰川（Glacier） 缓缓移动的冰体或冰河，由高山或极地的压实的积雪形成。

冰川鼻（Glacier snout） 在任意给定时间内的冰川终点，又称末端或前端。

残碎冰山（Growler） 一小块冰山或浮冰，其大小正好能够对船只构成威胁。

冰镐制动（Ice-axe arrest） 一种登山技巧，指滑坠的登山者将冰镐凿进冰里，停止坠落。

浮冰（Ice floe） 一块相对平坦的海冰，宽度在 20 米（66 英尺）以上。

地峡（Isthmus） 连接两块较大陆地的狭长地带，其两侧都有水。

下降风（Katabatic wind） 在重力影响下挟带高密度空气从高处沿坡面下降的风。这种风能以飓风的速度移动。

冰间水道（Lead） 海冰开裂时形成的狭长的开阔水域。

冰雪融水（Meltwater spate） 由融化的冰雪引发的突发性洪水。

冰碛（Moraine） 被冰川搬运下来的大量岩石和沉积物碎屑，它们堆积在冰川末端，通常呈脊状。

冰臼（Moulin） 又称"冰磨"，是冰川或冰体中的圆柱体，水从其表面往下滴落。

冰间湖（Polynya） 被冰包围的一片开阔水域。

船形雪橇（Pulk） 没有滑行装置的雪橇，由人或狗拖拽，用于搬运装备与补给品。

雪面波纹（Sastrugi） 硬雪表面犹如平行波纹一样的雪脊，它们是在风的作用下形成的。

冰塔［Serac(ice)］ 块状或柱状的冰川冰。

雪末（Spindrift） 被风吹动的细雪。

图比拉（Tupilak） 在格陵兰岛的因纽特传统中，是指用动物乃至人类残骸制成的护身符。它被放在海中，用以找到并毁灭仇敌。

木架皮舟（Umiak） 一种传统的因纽特敞篷小船，用木头和毛皮制成，划船者为女性。

图书在版编目（CIP）数据

我在北极画速写：冰雪世界的探险之旅 / (英) 大
卫·贝拉米著；杨雅婷译 . -- 长沙：湖南美术出
版社 ,2022.2

ISBN 978-7-5356-9650-2

Ⅰ . ①我… Ⅱ . ①大… ②杨… Ⅲ . ①北极 – 画册Ⅳ .
① P941.62-64

中国版本图书馆 CIP 数据核字 (2021) 第 222946 号

WO ZAI BEIJI HUA SUXIE:BINGXUE SHIJIE DE TANXIAN ZHI LV
我在北极画速写：冰雪世界的探险之旅

出 版 人：黄 啸　　　　　　　　　　著　　者：［英］大卫·贝拉米

译 者：杨雅婷　　　　　　　　　　出版策划：后浪出版公司

出版统筹：吴兴元　　　　　　　　　　编辑统筹：蒋天飞

特约编辑：杨 青　　　　　　　　　　责任编辑：贺澧沙

营销推广：ONEBOOK　　　　　　　　　装帧制造：墨白空间·张静涵

出版发行：湖南美术出版社（长沙市东二环一段 622 号）
　　　　　后浪出版公司

印　　刷：天津图文方嘉印刷有限公司（天津市宝坻经济开发区宝中道 30 号）

开　　本：700×1000　　1/16　　　　字　　数：100 千字

版　　次：2022 年 2 月第 1 版　　　　印　　张：11

印　　次：2022 年 2 月第 1 次印刷　　书　　号：ISBN 978-7-5356-9650-2

定　　价：112.00 元

读者服务：reader@hinabook.com 188-1142-1266　　　投稿服务：onebook@hinabook.com 133-6631-2326

直销服务：buy@hinabook.com 133-6657-3072　　　　网上订购：https://hinabook.tmall.com/（天猫官方直营店）

后浪出版咨询 (北京) 有限责任公司　copyright@hinabook.com　fawu@hinabook.com

本书若有印、装质量问题，请与本公司联系调换，电话010-64072833